L 波段探空雷达维护维修测试技术

主　编　安克武　黄　晓　秦荣茂
副主编　贾木辛　张春雷　刘　涛

内容简介

本书分为8个章节，第1章为概述部分，介绍高空气象探测系统主要作用和组成，以及新疆全区探空雷达保障基本情况；第2章为L波段探空雷达工作原理及组成。第3章介绍L波段探空雷达维护巡检操作规程；第4章为L波段探空雷达主要信号流程；第5章为L波段探空雷达分系统模块、板块测试方法；第6章为L波段探空雷达整机指标及系统关键点波形测试；第7章为L波段探空雷达备份接收系统维护维修测试；第8章为L波段探空雷达典型故障案例分析。本书强调从整机及分系统信号流程入手，使用仪器仪表对分系统和关键点波形参数测量、分析，结合典型案例进行详细分析故障诊断测试方法和排障流程，对省、市、台站三级雷达保障业务具有重要指导意义。

图书在版编目(CIP)数据

L波段探空雷达维护维修测试技术／安克武，黄晓，秦荣茂主编．—北京：气象出版社，2020.8
ISBN 978-7-5029-7267-7

Ⅰ.①L… Ⅱ.①安… ②黄… ③秦… Ⅲ.①气象雷达—维修 Ⅳ.①TN959.4

中国版本图书馆 CIP 数据核字(2020)第 161853 号

L波段探空雷达维护维修测试技术

L BODUAN TANKONG LEIDA WEIHU WEIXIU CESHI JISHU

安克武 黄 晓 秦荣茂 主 编
贾木辛 张春雷 刘 涛 副主编

出版发行：气象出版社	
地　　址：北京市海淀区中关村南大街46号	邮政编码：100081
电　　话：010-68407112(总编室)　010-68408042(发行部)	
网　　址：http://www.qxcbs.com	E-mail：qxcbs@cma.gov.cn
责任编辑：蔺学东	终　　审：吴晓鹏
责任校对：张硕杰	责任技编：赵相宁
封面设计：刀 刀	
印　　刷：北京中石油彩色印刷有限责任公司	
开　　本：787 mm×1092 mm　1/16	印　张：8
字　　数：205千字	
版　　次：2020年8月第1版	印　次：2020年8月第1次印刷
定　　价：60.00元	

本书如存在文字不清、漏印以及缺页、倒页、脱页等，请与本社发行部联系调换。

《L 波段探空雷达维护维修测试技术》

编 委 会

主　编　安克武　黄　晓　秦荣茂
副主编　贾木辛　张春雷　刘　涛
编　委　王　龙　高　原　徐新明　冯婉悦
　　　　杨　锐　赵　威　谢　凯　鲁　欣

序

新疆是我国天气系统的上游地区，其高空探测资料不仅可以帮助预报员准确判断大气环流形式，而且对我国很多省（自治区、直辖市）的天气预报、灾害性天气预警、气象服务甚至国际气象情报资料交换都有重要影响。全国高空探测资料的获取是通过L波段探空雷达与GTS1型数字式电子探空仪一起组成的高空气象探测系统来完成的，其中也包括新疆14个探空站。L波段探空雷达的使用不仅提高了高空气象探测业务质量和观测精度，提高了观测信息的空间和时间密度，而且实现了高空气象探测数据采集、编报和传输的自动化。

新疆地域辽阔，高空探测站较多，探空站与雷达生产厂家相距遥远，探空雷达保障业务完全依靠自治区气象技术装备保障中心和台站自身技术力量完成。新疆气象技术装备保障中心从20世纪90年代独立完成13部701系列雷达大修工作，积累和沉淀了大量技术经验。2002年开始L波段探空雷达建设，技术人员在雷达保障前辈的技术经验基础上，不断地摸索L波段探空雷达技术特点，总结故障排除经验，建成L波段探空雷达维护维修测试平台，使用仪器仪表完成各分系统的波形参数测试，并结合巡检和故障案列，编写了这本《L波段探空雷达维护维修测试技术》，其中信号流程和仪表测试方法对雷达故障判断的准确性和实效性都有较大提高，具有实际使用价值和实际指导意义。

希望本书的出版不仅能提高新疆高空探测业务水平，还能推进全国各高空观测站之间交流，为提高全国高空探测业务水平贡献一点力量。

2020年1月1日

前　言

　　气象观测是气象工作和大气科学发展的基础，高空气象探测系统是气象观测的重要组成部分，L 波段探空雷达与 GTS1 型探测仪组成的高空探测系统在我国气象观测业务中得到了广泛的应用，不仅提高了高空气象观测的质量和精度，也提高了探测资料的空间和时间密度，而且实现了探测数据采集、监测和集成的自动化。在高空探测系统中 L 波段探空雷达起着重要作用，做好探空设备的保障工作尤为重要。

　　2002—2008 年，新疆 14 个探空站全部装备了 L 波段探空雷达。由于新疆特殊的地理位置，全疆 L 波段探空雷达的保障工作全部由新疆气象技术装备保障中心、地区保障中心、台站三级保障部门来承担，其中大部分保障工作由自治区气象技术装备保障中心完成，包括一般、重大故障处理、巡检、备件等。为了提高新疆气象装备三级保障部门技术保障能力，编写一本培训、故障测试、备件上机测试等针对性较强的测试技术教程十分迫切。

　　在装备 L 波段探空雷达之前，新疆气象技术装备保障中心前辈们依靠自身的力量独立完成了 13 部 701 系列雷达大修工作，积累了丰富的大修测试经验。2012 年建成了室内 L 波段探空雷达维护维修测试平台，平台的建成和使用为保障技术人员的培训、故障仿真测试、备件上机测试起到很大作用。在新疆气象技术装备保障中心领导的大力支持下，编写组继承了老一辈雷达技术专家的经验，总结了近十年来 L 波段探空雷达保障成果，依靠维护维修测试平台，使用先进的测试仪表，参考南京大桥机器有限公司的《GFE(L)1 型二次测风雷达结构图册》和《GFE(L)1 型二次测风雷达主要电路图册》以及中国气象局观测网络司的《L 波段高空气象探测系统设备维护、维修手册》，完成了《L 波段探空雷达维护维修技术测试》教材的编写。

　　本教材与全国已出版同类教程有明显的不同，其主要特点是在雷达原理的基础之上，分析了各系统的信号流程，使用示波器、频谱仪等仪表，完成雷达各分系统的波形、参数测试，根据实际测量波形和参数进行故障分析和排除，可以达到模块级测试维修，有些可以达到芯片级测试维修，提高了故障判断精确度和技术人员维修水平。同时结合现场故障测试处理案例，给出如何使用仪表进行故障测试分析，准确定位故障的排障方法。本教程可以作为高空气象探测技术保障人员的技术参考手册,希望对 L 波段探空雷达保障提供一些参考和借鉴。

由于编写人员技术力量有限,错误、疏漏或不当之处在所难免,请读者批评指正。

编者

2020 年 1 月

目 录

序
前言

第1章 概述 ··· 1
    1.1 高空气象探测系统 ··· 1
    1.2 新疆全区探空雷达保障情况 ··· 1

第2章 L波段探空雷达工作原理及组成 ·· 2
    2.1 L波段探空雷达概述 ·· 2
    2.2 天馈分系统 ··· 10
    2.3 发射分系统 ··· 13
    2.4 接收分系统 ··· 15
    2.5 测距分系统 ··· 17
    2.6 测角分系统 ··· 19
    2.7 天控分系统 ··· 20
    2.8 终端分系统 ··· 21
    2.9 自检/译码分系统 ··· 23
    2.10 发射/显示控制分系统 ·· 24
    2.11 雷达整机电源系统 ··· 26

第3章 L波段探空雷达维护巡检操作规程 ··· 27
    3.1 维护巡检准备 ·· 27
    3.2 现场维护巡检 ·· 27
    3.3 雷达标定与检查 ··· 29
    3.4 各分系统检查 ·· 32
    3.5 雷达主要技术指标检查与测试 ··· 34
    3.6 主要备件检查 ·· 35
    3.7 维护巡检流程图 ··· 36

第4章 L波段探空雷达主要信号流程 ·· 40
    4.1 整机信号流程 ·· 40
    4.2 接收分系统信号流程图 ·· 40
    4.3 接收分系统组件信号流程图 ·· 40

4.4	发射分系统信号流程图	42
4.5	探空通道处理(11-1板)信号流程图	43
4.6	发射/显示处理(11-2板)信号流程图	43
4.7	测距处理(11-3板)信号流程图	43
4.8	终端处理(11-4板)信号流程图	44
4.9	自检/译码处理(11-5板)信号流程图	45
4.10	天控处理(11-6板)信号流程图	45
4.11	轴角转换处理(11-7板、11-8板)信号流程图	46

第5章 L波段探空雷达分系统模块、板块测试方法 … 47

5.1	天馈分系统测试	47
5.2	发射分系统测试	56
5.3	接收分系统测试	62
5.4	主机箱8块电路板测试	66
5.5	伺服分系统测试	84
5.6	电源分系统测试	85

第6章 L波段探空雷达整机指标及系统关键点波形测试 … 86

6.1	发射机整机技术指标测试	86
6.2	接收系统整机指标测试	90
6.3	雷达系统关键点波形及参数检查	93
6.4	L27-J射频同轴连接器电缆装接方法	95

第7章 L波段探空雷达备份接收系统维护维修测试 … 97

7.1	概述	97
7.2	备份接收系统组成	97
7.3	备份接收系统维护维修测试及故障分析	97

第8章 L波段探空雷达典型故障案例分析 … 101

8.1	接收分系统故障分析	101
8.2	发射分系统故障分析	104
8.3	天控系统故障分析	106
8.4	伺服系统故障分析	107
8.5	整机系统故障分析	111

附录:主要仪器仪表 … 114

第1章 概 述

1.1 高空气象探测系统

高空气象探测是借助仪器对自由大气不同高度的气象情况进行观测,观测项目以空气温度、湿度、气压、风速和风向为主,还有特殊项目,如大气成分、臭氧、辐射以及大气电。探测手段和方法有探空气球探测、气象飞机探测、无线电探测仪和测风、气象探测雷达、气象火箭探测、气象卫星探测等。观测的资料和情报不仅为天气预报、气象防灾减灾、气候预测、气候外交谈判、生态建设等提供重要依据,同时也为国防建设和国民经济发展起着重要的作用。

GFE(L)1型二次测风雷达(以下简称L波段探空雷达)与GTS1型探空仪组成的高空气象探测系统在我国高空气象探测业务中发挥着重要作用。系统利用L波段二次测风雷达实时跟踪带有无线电回答器的探空气球,完成各高度空气的温度、湿度、气压、风速和风向五要素数据观测。该探空系统的应用不仅提高了我国高空气象探测的质量和精度,提高了探测资料的空间与时间密度,而且实现了探测数据采集、监测和继承的自动化。系统可以准确地探测地面至30 km高空的温度、湿度、气压、风向、风速五项要素,用于全球气象数据交换、预报员分析天气形势和判断大气环流走向,是天气预报不可缺少的重要气象资料,对于灾害性天气的预报预测发挥着重要作用。目前全国120个探空站都已经装备了L波段探空雷达。

1.2 新疆全区探空雷达保障情况

新疆地域辽阔,地形和气候比较复杂,全区共有14个探空站,分布在南、北疆不同区域,北疆地区有哈密、北塔山、乌鲁木齐、克拉玛依、塔城、阿勒泰、伊宁,南疆地区有库尔勒、若羌、库车、阿克苏、民丰、和田、喀什。新疆高空气象探测业务系统从20世纪50年代初逐渐开始建设,70年代初基本建成,使用701二次测风雷达和59型气球探空仪完成高空气象探测。1985年开始逐渐将701A二次测风雷达升级为701B型,701B型雷达按照各分系统功能进行模块化设计,实现分系统电路单元模块化,提高了雷达工作效率和探测的数据连续性。由于新疆探空站较多,国家投入资金有限,701A型和701B型两种雷达同时使用,但部分701型雷达使用寿命到期,需要大修才能继续承担探空业务。1990—2000年,新疆气象技术装备保障中心组织技术专家,依靠自身的技术力量完成了疆内3部701A型、3部701B型、5部701C型和疆外(甘肃)2部701A型共计13部雷达的大修任务,另外还完成了2部701A型雷达中修工作,编写了《701气象高空探测雷达大修测试手册》。

2002年开始,L波段探空雷达逐渐在各探空站安装启用,替代701系列雷达,截至2008年全部升级完备。新疆疆域辽阔,距离雷达厂家路途遥远,而且探空站数量多,保障任务繁重,依靠厂家的力量无法完成雷达保障工作,只能依靠自身技术力量。由于单位领导非常重视技术骨干的培养和技术力量的积累,全疆L波段探空雷达技术人员培训、雷达保障工作全部由中心保障科承担,不仅能够提高雷达保障时效,也为中心节约了大量的保障经费,同时为新疆气象探空业务的可持续发展贡献了力量。

第2章　L波段探空雷达工作原理及组成

2.1　L波段探空雷达概述

2.1.1　雷达基本原理

L波段探空雷达用于高空大气的综合性观测。它与GTS1型数字式电子探空仪相配合,能够观测各高度大气的温度、湿度、气压、风向、风速五项气象要素。

L波段探空雷达是利用跟踪携带无线电子回答器的探空气球实现测风功能。探空气球升空后,地面L波段探空雷达向探空气球发出"询问信号",探空气球上的应答器收到"询问信号"后就对应发回"回答信号"。根据每一对询问与回答信号之间的时间间隔和回答信号的来向,就可以测定每一瞬间探空气球所在空间的位置,即应答器与L波段探空雷达的直线距离、方位角、仰角,然后根据气球随风漂移的情况可以计算出高空的风向、风速。同时,探空仪上携带温度、湿度、气压传感器,将不同高度的传感数据编成气象电码发送到地面L波段探空雷达。

L波段探空雷达的测距原理是利用雷达天线发射出的发射脉冲(即"询问信号")信号,被探空气球上的"回答器"接收后产生一个应答信号,并按原路返回,被地面雷达天线接收。只要知道无线电信号从雷达站到气球之间的往返时间,用这个时间的一半乘以电波的传播速度,就可以计算出探空气球与雷达站之间的距离。

假设无线电波的传播速度为C,测定的时间为Δt,则所求的距离D可用下式计算:

$$D = 1/2(C \cdot \Delta t) \tag{2.1}$$

无线电波在空间传播速度相当于光速,即$C=3\times10^5$ km/s,Δt通常用微秒计算($1~\mu s = 10^{-6}$ s),即每微秒的速度为$C=0.30$ km/μs,则求得距离为$D=0.15\Delta t$ km。

由上面的讨论可知,测距精度完全取决于计时精度。由于要测定的时间Δt非常短,又要非常精确,所以系统对计时电路的设计要求非常之高。在L波段探空雷达中,计时任务由计数器完成,计数器在雷达发射脉冲的起始时(即发射脉冲的上升沿)开始计数,在目标回波到来时停止计数,将所得的计数值乘以被计数脉冲的周期可得需要测定的Δt。根据测定的Δt可以直接计算出回波的距离。

L波段探空雷达属于角度跟踪雷达,实时跟踪捕捉空中目标物的位置和距离,而目标物分有源和无源两种,L波段探空雷达跟踪的是有源目标物,因而称为二次雷达。不管跟踪目标物是有源还是无源,其测距原理都是相同的。

L波段探空雷达角度跟踪和测量采用单脉冲定向原理实现,单脉冲定向原理是用几个独立的接收支路来同时接收目标的回波信号,然后再将这些信号的参数加以比较(信号幅度和相位,L波段探空雷达采用信号相位比较),从中获取角度误差信息。而L波段探空雷达只有一套接收系统,为了实现雷达单脉冲角度跟踪,采用和差比较器(和差环网络)完成和、差信号比相处理,形成和、差波束获取角度误差信号,因而称为假单脉冲雷达。

L 波段探空雷达的天馈线由 4 个 Φ0.8 m 的抛物面天线、和差环、调制环等组成,水平、垂直波瓣宽度均不大于 6°,而其中和差环则是完成假单脉冲体制的关键。调制环由程序方波来控制,将由和差环获取的上、下、左、右误差信号调制在和信号上,此信号经接收机放大、解调即可得出反映目标偏离电轴的角误差信号(包括大小和方向)。利用垂直面上的两个天线所获取的误差信号推动俯仰电机而测得仰角。利用水平面上的天线所获取的误差信号推动方位电机而测得方位角。

下面以测方位角为例,来说明测角原理。如图 2.1 所示,如果天线电轴对着正东方,且目标亦在正东方,则由于射频信号到达左右天线所经历的路程相等,因而无相位差,即角误差为零,这样在显示器上分别显示出来的两根亮线也就一样长。如果电轴没有对准目标(如电轴方向偏南或偏北了一个角度),这样因到达左右两个单元天线的射频信号有相位差,所以就有角误差信号产生,在显示器上两根亮线就不一样齐。

L 波段探空雷达就是利用这个原理来测定方位角和仰角的。在业务探测中,只要转动天线,使显示器上的四条亮线始终两两对齐(上和下、左和右分别对齐)就表示雷达天线对准了目标,实际上L 波段探空雷达的角度跟踪已实现了自动化,只有在恶劣的天气下造成起始抓球失败时才需要手动搜索。

根据测距和测角的数据(球坐标数据)就知道了探空气球在空中飘移的速度和方向,也就可以计算出空中不同高度的平均风速和风向。

空中各高度上大气的温度、气压、湿度三个气象要素资料的获取,是利用气球上携带的探空仪

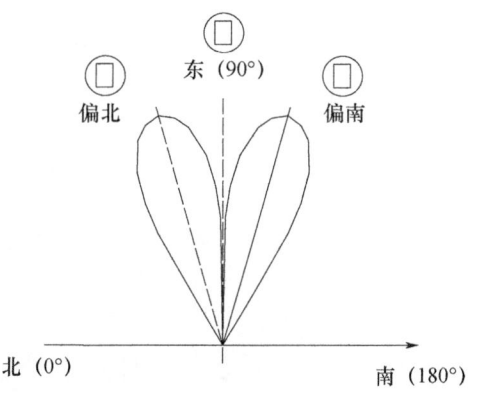

图 2.1 测角原理示意图

来完成的。探空仪是由对温度、气压、湿度反应灵敏的感应元件及转换电路所组成,敏感元件的电参量随着空气中温度、气压、湿度的变化而变化。而转换电路则对变化的电参量进行采样、编码而形成探空码,然后用此探空码去控制回答器,再由回答器将探空码发回地面,雷达接收机把它接收下来,这样就得到了空中温度、气压、湿度三个气象要素资料。

在 L 波段探空雷达中,无论是球坐标数据,还是探空数据,其录取、存储、处理等工作都是由数据终端来完成的,探空员只要通过点击相应图标就可得到各种报表、数据,并可将其打印输出。

2.1.2 雷达组成及其作用

L 波段探空雷达整体结构由室外和室内两部分组成。

(1)室外部分又称谓天线装置,由撑脚、天线座、立柱、俯仰减速箱、天线阵、和差箱、近程发射机、摄像机等组成。其中,天线装置如图 2.2 所示,俯仰机构如图 2.3 所示,俯仰传动如图 2.4 所示,天线座如图 2.5 所示,方位弹片联轴器如图 2.6 所示,天线和差箱如图 2.7 所示,近程发射机箱如图 2.8 所示。天线装置可以置于地面,也可以置于楼顶平台,但要求天线装置三个底座必须有预埋件,且雷达放置高度与放球点高度差不得高于 8 m。

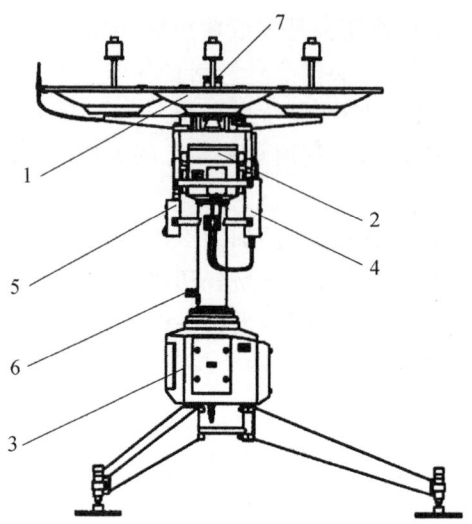

1.天线阵 2.俯仰减速箱 3.天线座 4.和差箱 5.近程发射机 6.水平指示 7.摄像装置

图 2.2　天线装置示意图

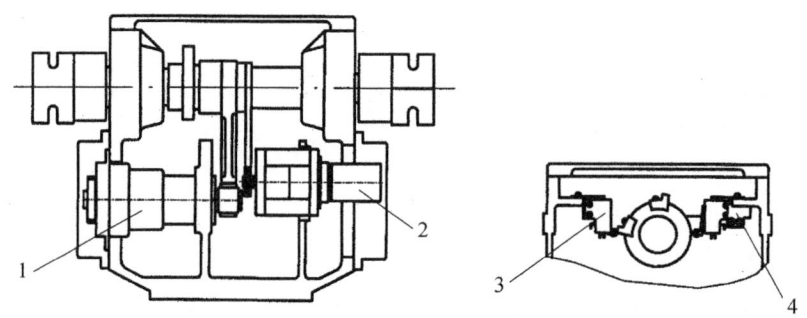

1.俯仰谐波齿轮箱 2.俯仰同步齿轮箱 3.电限位机构 4.机械限位机构

图 2.3　俯仰机构示意图

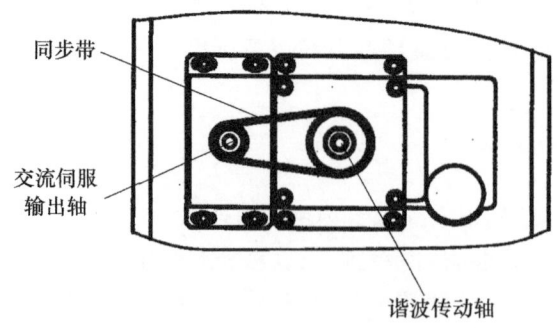

图 2.4　俯仰传动示意图

第 2 章 L 波段探空雷达工作原理及组成

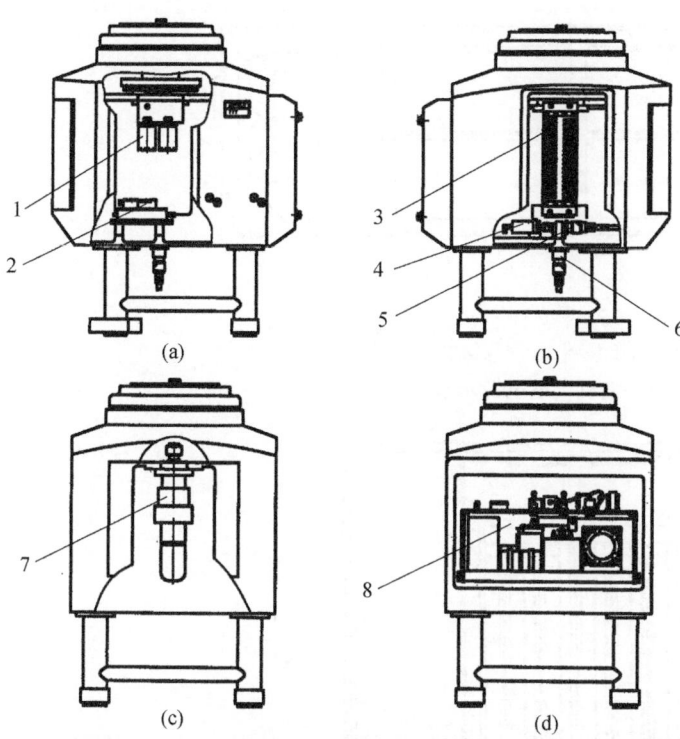

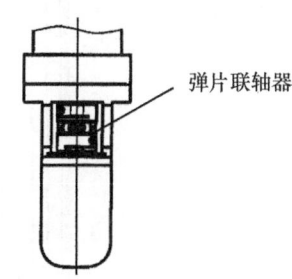

1. 方位同步齿轮箱 2. 高频组件 3. 刷架及汇流环 4. 限幅器 5. 环流器
6. 高频关节 7. 方位谐波齿轮箱 8. 发射机

图 2.5 天线座示意图　　　　　　　　　　图 2.6 方位弹片联轴器示意图

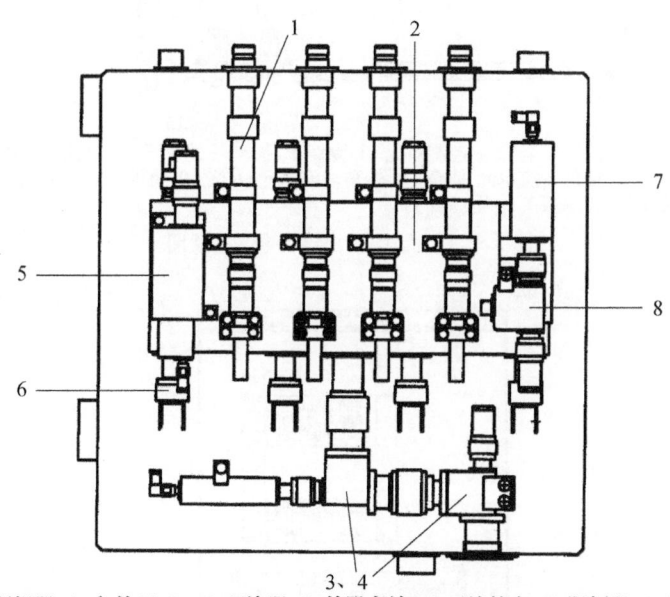

1. 调相器 2. 和差环 3、4. 环流器 5. 前置高放 6. 开关管套 7. 限幅器 8. 隔离器

图 2.7 天线和差箱示意图

(2)室内部分则由主控箱、驱动箱、示波器、微机、UPS 电源组成。其中室外、室内部分由 6 根 50 m 电缆相连。雷达整机电源如图 2.8 所示,主机(8 块电路板)如图 2.9 所示,伺服驱动箱如图 2.10 所示。

5

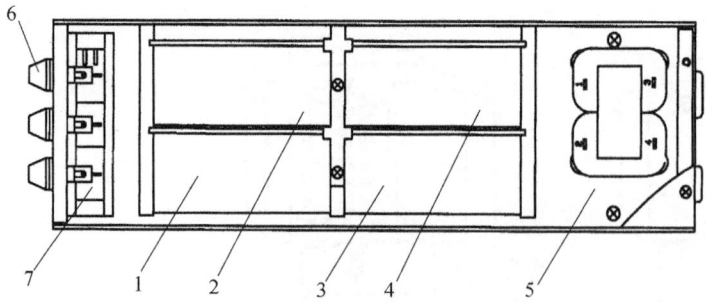

1. 开关电源S-35-5V 2. 开关电源S-35-15V 3. 开关电源S-35-12V
4. 开关电源S-35-15V 5. 变压器 6. 保险丝盒(3A) 7. 抽风机

图 2.8　整机供电电源示意图

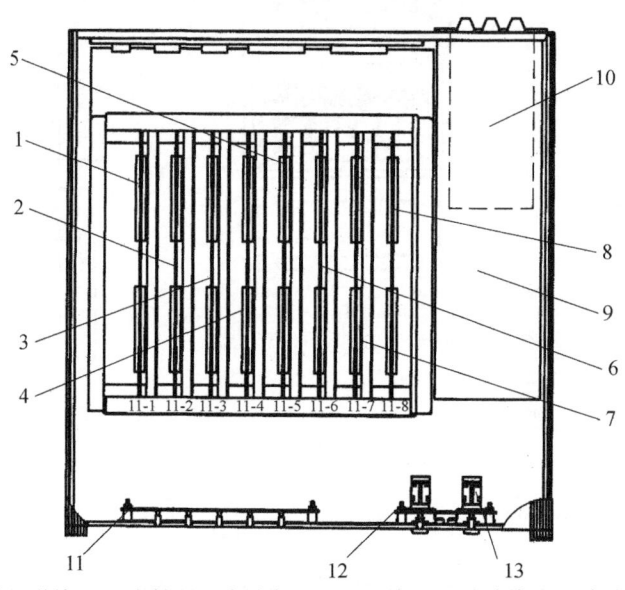

1. 探空通道单元 2. 发射/显示控制单元 3. 测距单元 4. 终端单元 5. 自检/解码单元
6. 天控单元 7. 轴角转换单元(仰角) 8. 轴角转换单元(方位) 9. 电源 10. 中频通道盒
11. 指示板1 12. 指示板2 13. 电源开关

图 2.9　主机箱(8块电路板)示意图

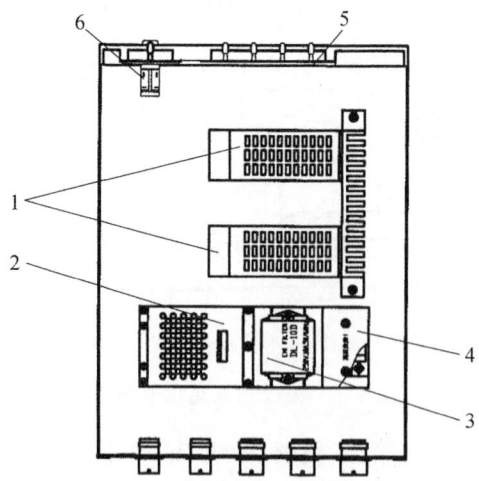

1. 交流伺服驱动器 2. 电源 3. 电源滤波器 4. 固态继电器 5. 指示板 6. 电源开关

图 2.10　伺服驱动箱示意图

(3)雷达分系统组成及其作用

雷达整机框图示意图如图 2.11 所示,分别由以下分系统组成。

① 天馈线分系统:该分系统的功能是用来将发射机产生的高频电磁能有效地传输到天线,并由天线向空间辐射,同时将应答器发回的射频信号由天线接收下来,并有效地传输到接收机。

天线部分由 4 个 Φ0.8 m 的抛物面天线组成,由天线传动装置控制,做左右方位转动和上下俯仰转动。和差箱的作用是将 4 个天线所接收的信号叠加得到和信号,将由目标偏离天线而形成的角误差提取出来,得到角误差信号,并按 50 Hz 的速率将角误差信号调制到和信号上。

② 发射分系统:该分系统的功能是在由测距分系统送来的发射触发脉冲控制下,定时地产生高频脉冲,通过天线向空间辐射,作为对应答器的询问信号。

③ 接收分系统:该分系统的功能是将天线所接收到的探空仪射频信号加以放大、变频、解调送到测距、天控分系统以完成测距和跟踪应答器的功能。此外,还将探空仪发回的探空码解调出来,送到数据处理终端得到温度、气压、湿度数据。同时还在测距分系统送来的主抑触发脉冲的控制下,完成主波抑制功能以消除发射主波和近地物回波对自动增益控制(AGC)、自动频率控制(AFC)功能的影响。

④ 测距分系统:该分系统的功能是测量回答器的应答信号相对发射机发射主波间的延时,从而测量雷达与应答器之间的斜距,并将所得到的数据以串口通信的方式送到终端分系统,最终在微机显示屏上显示出来。

⑤ 测角分系统:该分系统的功能是将同步机送来的代表天线角位置三相交流信号进行 A/D 变换,并将所得到的数据以串口通信的方式送到终端分系统,最终在微机显示屏上显示出来(方位、俯仰均如此)。

⑥ 天控分系统:该分系统的功能是将接收机送来的含有因天线偏离探空仪而形成的角误差解调出来,再经放大、平滑等处理后送到驱动器,以使交流马达带动天线转动,最终使天线对准探空仪。

⑦ 终端分系统:该分系统的功能是接收数据终端送来的各种命令,并将它们分发到各个分系统,同时收集各分系统的数据、状态,按一定的速率送至数据终端。

⑧ 自检/译码分系统:该分系统的功能有两个,其一是对其他各分系统送来的关键信号做检测,以判定它们是否正常,其二是对接收系统送来的探空码进行智能判别,以去除探空码中的各种干扰,提高探空质量,最后将自检结果和探空码一起送往终端分系统。

⑨ 发射/显示控制分系统:该分系统的功能有两个,其一是根据终端分系统的指令来切换示波器是测距显示还是测角显示,其二是根据终端分系统的指令来开启或关闭发射机,并且将发射机发生故障的各种保护信号进行电平变换后,送到终端分系统报警。

⑩ 电源分系统:该分系统的功能是为整机提供各种直流电源(不包括发射机的高压电源):±15 V、+12 V、+5 V、+24 V,由四个开关电源构成一个电源盒,放置在主控箱内。

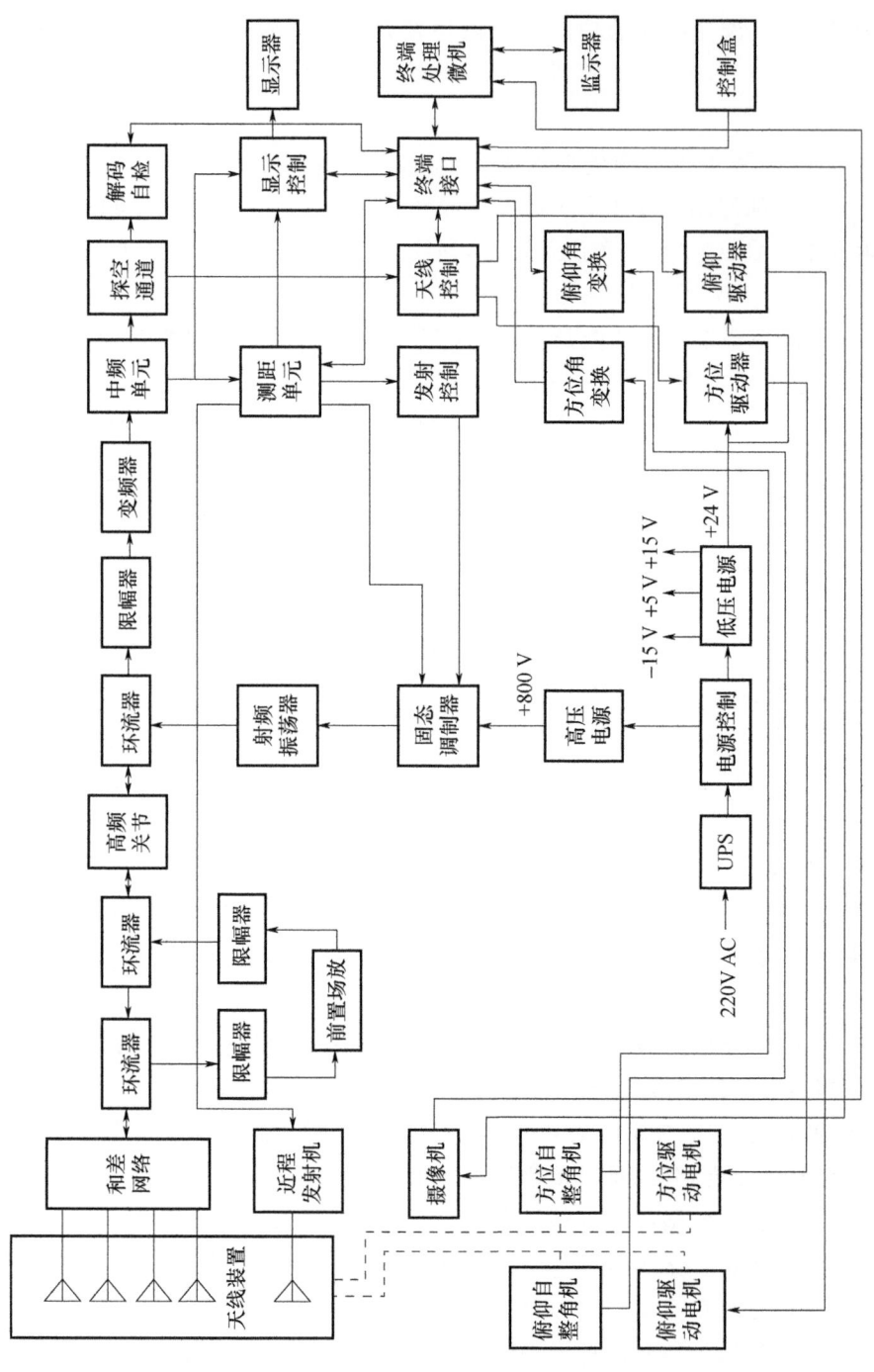

图 2.11 雷达整机框图

2.1.3 雷达主要技术指标

发射工作频率：1675±6 MHz；
发射脉冲重复频率：600 Hz；
发射脉冲宽度：0.8±0.2 μs；
发射机脉冲峰值：≥15 kW；
天线波瓣宽度：垂直波瓣≤6°，水平波瓣≤6°；
作用距离：最大 200 km；最小≤100 m；
测距精度：斜距误差不大于 20 m(RMS)；
探测高度：25～30 km；
测角范围：方位角 0～360°；俯仰角－6°～+92°；
测角精度：方位角（6°以上）≤0.08°(RMS)；俯仰角（6°以上）≤0.08°(RMS)；
工作条件：可连续工作时间 8 h；8 级风仍能工作。

从以上数据可以看出，L 波段探空雷达的性能有以下几个特点：

① 工作频率高，这有利于缩小天线尺寸，减轻天线重量；
② 脉冲峰值功率小（15 kW）。同相当功率的雷达比，节省电力，这是二次雷达的一大优点；
③ 脉冲宽度、波瓣宽度均较窄，因而该雷达的测距、测角精度比较高。

2.1.4 雷达的使用及其注意事项

(1)开机

① 由于 L 波段探空雷达整机供电是 UPS，故应首先打开 UPS 电源。
② 由于 L 波段探空雷达的操作控制是通过数据处理终端来完成的，故应接着打开微机电源，并启动运行接收控制软件。
③ 再依次打开主控箱上的总电源、发射机电源、驱动箱的驱动电源及示波器电源。
④ 调整示波器上的相关旋钮，使之能正常地显示四条亮线或精、粗扫描显示。
⑤ 打开近程发射机。

(2)关机

① 点击电脑序幕中远程发射机的高压开关，将发射机关闭。
② 将天线仰角摇到 85°的位置（目的是减小风阻和防止雨天积水），并将驱动箱的电源关掉。
③ 依次关掉主控箱的发射机低压电源、总电源、示波器、微机及 UPS。

(3)使用中须注意的几个事项

① 放球前仔细调整接收机的频率，使接收机处于最佳接收状态。
② 打开近程发射机，检查"凹口"的形状，若"凹口"太浅以致距离无法跟踪，则应调整应答器的"凹口"调整电位器，使"凹口"达到一定的深度或更换应答器，直到距离跟踪正常。
③ 将天线偏离探空仪一个较小的角度后，天线应能自动对准探空仪，此时应注意到探空仪距离天线至少 30 m 以上，且升起一定的高度。如果信号较强造成天线跟踪不好，可适当增大放球点的距离。
④ 放球前仔细观察地面的风向、风速，尽量把放球点选择在下风方向，确保起始自动抓球

成功。特别是遇到大风时,对气球施放后的初始运动轨迹一定要做到心中有数,以便在自动抓球失败后,将天控切换到手动,进行手动抓球。

⑤ 要防止假定向。天线波瓣除了主瓣,还有旁瓣,目标被主瓣定向叫真定向,而被旁瓣定向则叫假定向。假定向时,雷达的探测距离大大缩短,而且发生非常大的测角误差,这种情况须多加注意,以避免发生。在放球过程中,如果雷达测高与气压反算高度差异较大(此时雷达数据终端接收控制界面上的警示灯会不停地闪烁,而且气压值正常)时,应考虑到是否假定向。怀疑假定向时可以点击接收控制界面上的搜索图标,天线会按预定的程序进行搜索,如果是假定向,通过搜索后天线会自动回到主瓣上,如果是真定向,天线则回到原来的位置,如果遇到这种情况就应该考虑究竟是什么原因造成雷达测高与气压反算高度差异太大,例如,天线水平是否发生了变化,仰角标定是否发生了变化(这些检查可以在放球结束后进行)。

2.2　天馈分系统

2.2.1　基本原理

L 波段探空雷达天线的任务是将传输线送来的射频电磁能集中成束地向空中定向辐射,使雷达准确地测出探空气球的斜距、方位角和仰角,并接收回答器发回的射频脉冲信号,而馈线的任务则是将发射机送来的射频电磁能有效地送到天线,并将天线接收到的高频脉冲信号有效地送到接收机。

L 波段探空雷达角误差信号的获取采用的是假单脉冲体制。为了能较好地理解、掌握工作原理,以便操作、维修,下面就对其做一些简单介绍。

天馈线分系统的组成框图如图 2.12 所示。从框图中可以看出天线由 4 面口径为 Φ0.8 m 的抛物面天线所组成,空间分布为正方形。而馈线则由可调移相器、和差环、调制环、高频旋转关节、环行器、限幅器等组成。为了天线装置的小巧,又要保证雷达的威力,L 波段探空雷达设

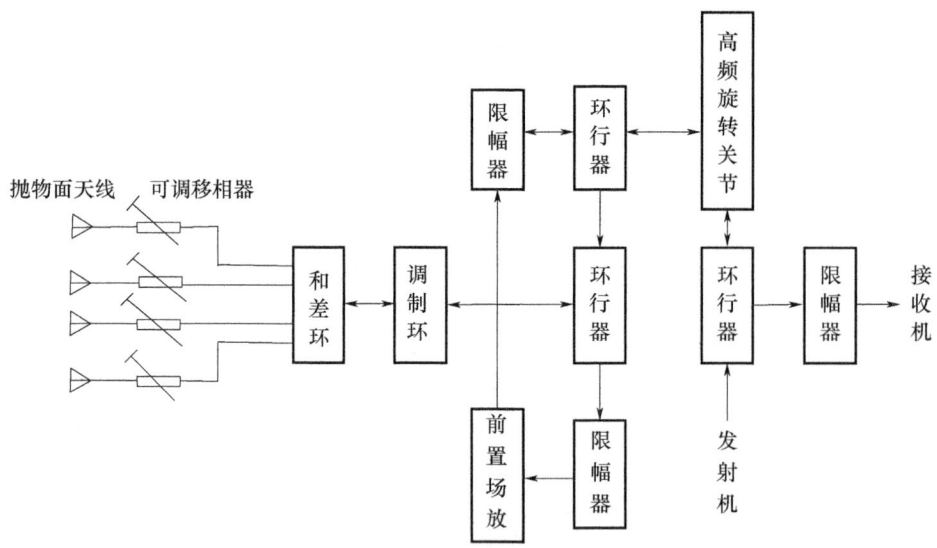

图 2.12　天馈线分系统方框图

置了一前置高放,并为保护前置场放而增加了两个环行器和两个限幅器。把它们归到馈线里,是为了叙述上的方便。在结构上它们和移相器、和差环、调制环放置在和差箱内。其中和差环、调制环是实现假单脉冲体制的关键部件,它们的作用就是从任意方向来的射频信号中分离出方位差、俯仰差及和信号,然后在程序方波的作用下将差信号调制在和信号上,这样就得到了与偏扫体制雷达相似的信号。这样既提高了测角的精度,又降低了设备的复杂性。雷达发射时,发射机产生的高频电磁能经环行器、高频旋转关节、和差网络、可调移相器,最后送到上、下、左、右四个抛物面天线上,集中成束地向空间定向辐射。雷达接收时,应答器发射的射频脉冲信号,由四个抛物面天线接收后按相反的路径,经限幅器后送到接收机。

2.2.1.1 天线

单个天线是由一个置于焦点的有源振子和抛物面反射体所组成,两者通过一段硬同轴传输线相连。四个抛物面天线按正方形分布,固定于天线桁架之上,天线的桁架是以天线的仰角转轴为中心,向四面扩展而与上、下、左、右四个天线相连的,即四个天线排列的位置是以仰角转轴为中心,上、下、左、右对称。位于桁架中心,同天线桁架的平面和天线仰角转轴相垂直的轴线叫作天线几何轴,当天线各部分按规定装好之后,天线的几何轴就不变了。抛物面天线是利用置于焦点上的有源振子和自身的"聚焦"作用来辐射和接收无线电波的,当发射机输出的高频电磁能馈送到有源振子时,有源振子上有高频电流流通,在它的周围产生高频电磁场,在"聚焦"功能的作用下向空间辐射无线电波,而接收的过程则正好与此相反。正是这种"聚焦"的特性,使得天线具有较强的方向性。L波段探空雷达天线的垂直波瓣和水平波瓣的宽度都比较窄($\leqslant 6°$),以满足测角精度的要求。在和差环和调制环的作用下,在和差箱

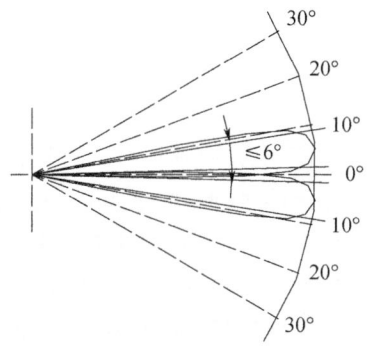

图 2.13 天线方向图

的输出口可得到类似跳变扫描的波瓣图。天线的垂直方向图和水平方向图完全相同且都有两个波瓣,如图 2.13 所示。

从方向图中可以看出,天线两个波瓣交点所对方向的射线,称为天线的电轴。雷达工作时,电轴应与几何轴一致。

2.2.1.2 天馈线

(1) 调相器

由于测角采用的是比相假单脉冲体制,其电轴相位的一致性是非常重要的,理论上连接四个抛物面天线到和差箱的四根电缆的长度是一样的,而实际上总是难免有些差异,因此在每个天线与和差环的连接电缆中加接一个调相器,用以调节四路相位平衡。调相器为长度可变的硬同轴线,通过改变其长度来改变相位。调相器有锁紧装置,在长度调整完毕后将其锁定。

(2) 和差环

和差环是实现假单脉冲体制的关键部件,它将上、下(或左、右)天线的信号同时相加或相减,即得到和信号(Σ)、差信号(Δ),其电路框图如图 2.14 所示。从图中可以看出,来自天线的信号在 C 点相加(相位相同)

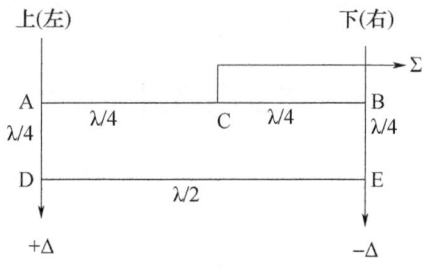

图 2.14 和差环电路图

得 $\Sigma = E_A + E_B$，在 D 点相减（相位相差 $180°$）得 $\Delta = E_A - E_B$，而 E 点信号相位相反，故得 $-\Delta = E_B - E_A$。

因此通过和差环可以得到和信号及两路差信号，且两路差信号相位差 $180°$，和差环由此而得名。

（3）调制环

它的作用就是将差信号按一定的时序调制到和信号上，以获得与跳变扫描完全一样的波瓣特性，其方法是通过一段可控的传输线来实现，其电路框图如图 2.15 所示。

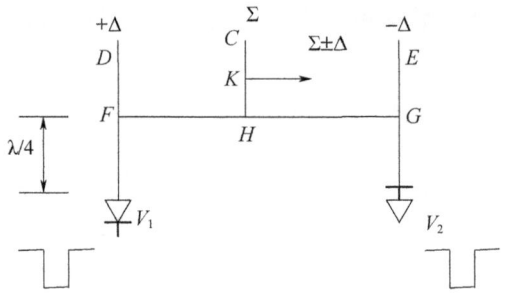

图 2.15 调制环电路图

当程序方波不加时，二极管 V_1、V_2 截止形成 $\lambda/4$ 开路线，F、G 两点相当于对地短路，差信号 $\pm\Delta$ 均不能加到 H 点，K 点输出的就为和信号；而当程序方波加到 V_1 上时，V_1 导通，形成 $\lambda/4$ 短路线，F 点相当于对地开路，于是 $+\Delta$ 差信号就经 F、H 点加到 K 点，K 点则得到 $\Sigma+\Delta$；同理，当 V_2 加上程序方波时，K 点就得到 $\Sigma-\Delta$，这样当程序方波轮流加到 V_1、V_2 上时，在 K 点就会得到与跳变扫描一样的波瓣特性。

（4）环行器及限幅器

环流器是一种单方向传输的三端口微波器件，高频能量只能按规定的方向传输，反方向则是被隔离的，因此，它的作用就是将发射和接收隔离开来，但它的隔离度是有限的，还不能有效地保护接收机，而限幅器的作用则是将环行器漏过来的信号进一步衰减，以确保接收机的安全。实际上限幅器是一种在较强功率信号输入时，输出被限定在一定电平以下的微波器件，它通常与环行器配合在一起，起收发开关、保护接收机的作用。

L 波段探空雷达设有前置场放和后置场放，用于保护后者的环行器和限幅器，和其一起置于天线座中。

（5）前置场放

为了减小馈线损耗的影响，达到雷达应有的威力，L 波段探空雷达设置了一前置场放，为了保护这个前置场放，用了两个环行器、两个限幅器，此部分与和差环一道置于和差箱内。其框图如图 2.16 所示。

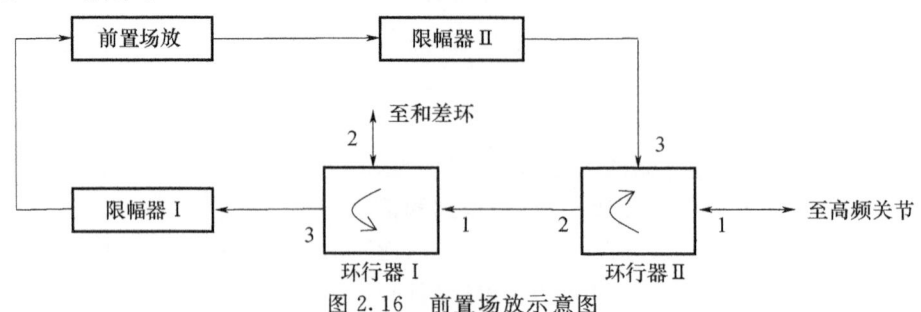

图 2.16 前置场放示意图

发射时,高频大功率信号由高频旋转关节送入环行器Ⅱ的1口,并经环行器Ⅱ的2口、环行器Ⅰ的1口和2口送至和差箱,而接收时信号经和差环送入环行器Ⅰ的2口和3口、限幅器Ⅰ、前置场放、限幅器Ⅱ、环行器Ⅱ的3口和1口,再送往高频旋转关节。

(6)高频旋转关节

高频旋转关节是用来连接旋转部分和固定部分的传输线,使天线装置的主轴能在360°的方位上任意旋转。

2.2.2 主要技术指标

工作频率:1675±6 MHz;

波瓣宽度:≤6°;

交点电平:0.8±0.05;

电轴斜率:≥30%;

天线增益:≥27 dB;

驻波比:≤1.5;

馈线损耗:≤5 dB。

2.3 发射分系统

2.3.1 基本原理

该分系统主要由固态调制器、超高频振荡、交流电源等几部分组成。其系统框图如图2.17所示。

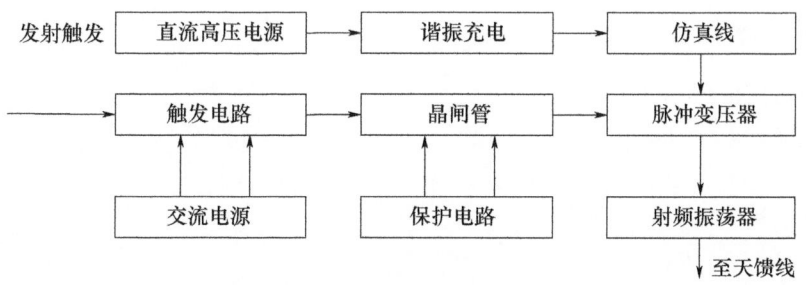

图2.17 发射机分系统框图

2.3.1.1 调制器

调制器的作用就是形成宽度为0.8 μs、幅度为800 V的高压脉冲,主要由800 V直流高压电源、仿真线、晶闸管、脉冲变压器和脉冲触发电路组成。

调制器的工作可分为两个过程:充电和放电。

(1)充电

通电后,220 V的交流电压经电源变压器变压,全波整流,再经π型LC滤波器输出800 V的直流高压。

充电的方法采用的是直流谐振式充电。在测距分系统的发射触发脉冲送来之前,直流高压对仿真线的电容器充电,当仿真线上的电容器充满达到直流高压E_c=800 V时,串接在充

13

电支路中的充电电感将所储存的能量又继续向仿真线上的电容器释放,即仿真线上的电容器获得第二次充电。此时串接在充电支路中的二极管起着防止充电电感产生反向电流的作用,从而使仿真线上电容器的电压达最大后维持不变,以等待放电。由于占空比很大,约2000∶1,因此谐振充电时间很充足,足以使仿真线上电容器两端电压 U_c 充到直流高压的两倍,即 $U_c = E_c \times 2 = 800 \times 2 = 1600$ V。

(2) 放电

当测距分系统的发射触发脉冲到来时,按600 Hz的重复频率去触发晶闸管,晶闸管则迅速导通,使仿真线上电容两端的电压通过晶闸管脉冲变压器初级放电。由于仿真线的特性阻抗 ρ 与负载RC匹配相等,则在脉冲变压器初级两端获得幅度为 $1/2 U_c = E_c = 800$ V 的脉冲电压。

放电时,仿真线的始端电压跳变为负,电压立即从始端向其终端传输,电压经 0.4 μs(由仿真线参数决定)延时到达终端,由于仿真线终端开路,电压到达仿真线终端后,又经 0.4 μs 延时返回到始端,至此,放电结束。这样在脉冲变压器的初级就获得宽度为 0.8 μs、幅度为 800 V 的矩形脉冲。

综上所述,在测距分系统送来的发射触发脉冲控制下,利用长线传输原理制成人工仿真线电路,以充放电的变化电压在负载两端所形成的矩形脉冲就是我们所需要的调制脉冲。

2.3.1.2 超高频振荡器

该部分主要由磁控管构成,调制脉冲经脉冲变压器升压后可达到数千伏,这个数千伏的脉冲高压直接加到磁控管的阴极激励磁控管,使磁控管产生1675 MHz的超高频振荡。

2.3.1.3 电源

220 V、50 Hz 的交流电压经电源变压器后有两组输出,一组输出为半压,两组同时输出为全压,并且该电源独立,专供本系统的调制器和超高频振荡器使用。

发射机作为一个独立的分机置于室外天线座内,如需要将其取出检查、维修时,应事前将连接电缆断开,因为发射机较重,容易将电缆拉断。

2.3.2 主要技术指标

工作频率:1675±6 MHz;
脉冲重复频率:600 Hz;
脉冲宽度:0.8±0.1 μs;
触发脉冲前沿:≤0.12 μs;
脉冲功率:≥15 kW。

2.3.3 近程发射机

2.3.3.1 基本原理

为了减小最近测距离,达到小于100 m的指标,L波段探空雷达设置了一近程全固态发射机,其发射脉冲功率为1.5 W,同时为了避免其载波泄漏对接收机的影响,将载波频率设置为1686 MHz。这样,即使探空仪放在距天线几十米的地方,也能看到应答信号。但是由于近程发射机的功率小,作用距离有限,在整机工作中距离为1 km时,终端自动将其关闭,同时将(远程)发射机打开。其结构框图如图2.18所示。

从图2.18可以看出,近程发射机的载频是可以调整的。调整的方法是将其盒盖打开后,拨动频率预置拨盘开关,开关位置与载频频率的对应关系如表2.1所示。其中,开关位置"ON"为0,1686 MHz为常用工作频率。由于近程发射机的体积较小、重量较轻,故将其置于天线左侧的近程发射机箱内,其发射天线为一个 4 单元的八木振子天线,固定于左单元天线上,这种结构既可以省去旋转关节,又可起配重作用。

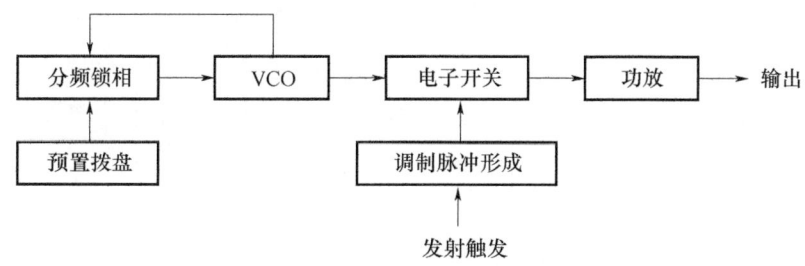

图 2.18　近程发射机结构框图

表 2.1　近程发射机工作频率与拨盘开关位置对应表

| 工作频率 | 拨盘开关位置 | | | | | | | |
(MHz)	1	2	3	4	5	6	7	8
1656	0	0	0	1	1	1	1	0
1661	1	0	1	1	1	1	1	0
1666	0	1	0	0	0	0	0	1
1671	1	1	1	0	0	0	0	1
1676	0	0	1	1	0	0	0	1
1681	1	0	0	0	1	0	0	1
1686	0	1	1	0	1	0	0	1
1691	1	1	0	1	1	0	0	1

2.3.3.2　主要技术指标

工作频率:1687(−30～+5)MHz;

脉冲功率:≥1.5 W;

脉冲宽度:0.8 μs;

重复频率:600 Hz;

触发脉冲前沿:≤0.12 μs。

2.4　接收分系统

2.4.1　基本原理

L 波段探空雷达的接收机是用以放大、解调探空仪发回的应答信号和探空信号的,而应答信号和探空信号都是调制在频率为 1675 MHz 的高频信号上的。因此接收机将应答信号从高频变成视频,送给测距系统,以完成距离测定,同时送给显示分系统,供雷达操纵员观测;此外,接收机还将探空信号从高频变换成视频,进而再解调出数字探空码送给数据终端系统,从而完成探空码的录取、转换、数据处理、存储及打印输出;同时,接收机还将天线波瓣扫描(实际上是内扫描)所形成的测角误差信号解调出来,提供给天控分系统,从而完成雷达天线对探空仪的跟踪。接收机的组成框图如图2.19所示。

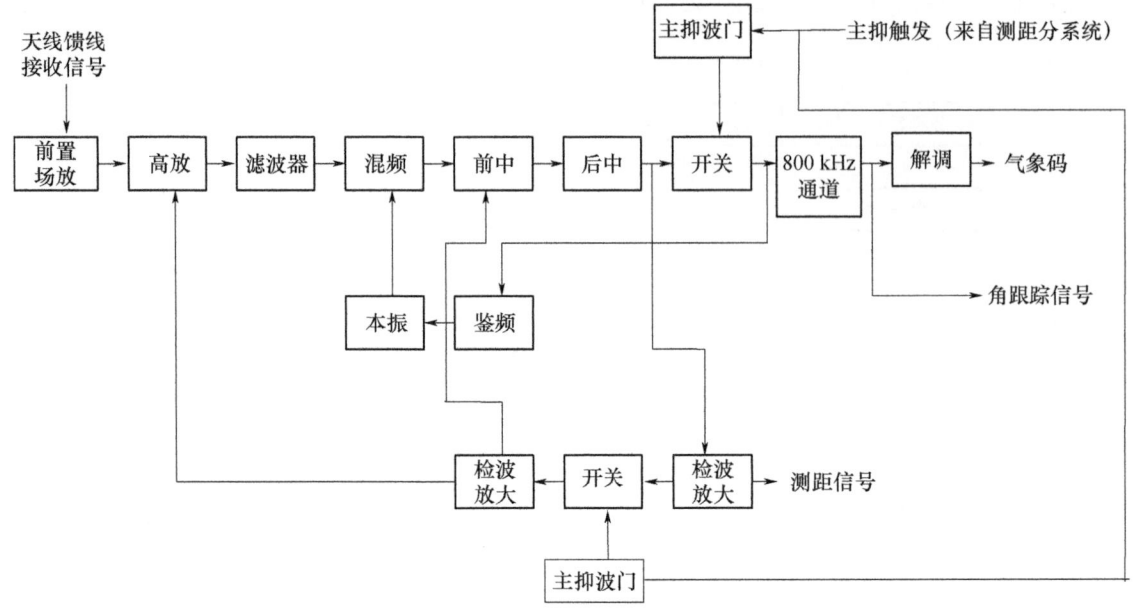

图2.19　接收机组成框图

从图2.19可以看出,接收分系统由两大部分组成,即接收前端(室外)、后端(室内)。而前端由场放、变频、前中等几个单元组成,置于天线座内。后端则由后中放大、检波、鉴频、AGC控制、AFC控制、探空码提取等几个单元组成,分别做在一个中频通道盒内及插板上(编号为11-1),置于室内的主控箱中。

前置场放为低噪声场放应管放大器,设置的目的就是为了减少馈线损耗对雷达威力的影响,所以这级场放就置于和差箱内,紧接和差环之后。

由于雷达在工作过程中所接收的信号动态范围较大,为了保证接收机的线性,在高放中设置了增益控制功能,由PIN管来实现,控制能力约为25 dB;高频带通滤波器采用腔体机械滤波器,其作用是滤除工作频率以外的其他干扰,包括对镜像信号的抑制。在结构上,为了减少连接,增加可靠性,高放与滤波器固定在一个平面上,并用导线直接焊接。

本振为典型的三点式振荡器,频率的调整由变容二极管来实现。振荡出的信号经一定的功率推动后再送到混频器。此外,本振信号还耦合出一部分送到分频器,分频器将1645 MHz的本振信号分频至25 kHz左右的方波信号,此信号经50 m电缆后送到室内主控箱中的编号为11-4的终端板。终端板对其计数再乘以分频数后送到雷达接收控制界面上显示出来,这样即实现了接收信号的频率指示。

混频器采用较为流行的双平衡混频器,它具有较高的P_{-1}电平和较低的变频损耗,混频出信号经30 MHz滤波器后送到由二级单片放大器及一级可变增益放大器,其增益控制能力在45 dB以上,这样接收机的增益控制能力将大于70 dB。

本振、分频、混频、前中都做在同一金属盒内,然后与高放、滤波器紧固在一起,通常称为高频组合,即接收机的前端。

由前中输出的中频信号经50 m电缆送至室内主控箱中的中频通道盒,经三级单片放大后再经功分器分成两路。

一路称测距支路。在测距支路中,信号被放大到一定电平后,解调出800 kHz视频脉冲,并送到测距分系统,以完成测距功能,其幅度为 2~3 V_{PP},同时再将此信号检波、放大后得到 AGC 电压,分别送到高放和前中,完成自动增益控制的功能,以使得整个放球过程中输出信号电平不随回答器的远近而产生变化,即保持输出电平恒定。

另一路则称为角支路。在测角支路中信号被放大、鉴频,并将此鉴频电压送到高频组合中的本振,以消除由于回答器频率漂移而造成的失谐,使得中频频率始终保持为 30 MHz。值得提出的是,接收机的频率控制有两种状态,即自动、手动。在手动状态时,本振的频率调整完全由人工控制,鉴频电压不起作用,而自动状态时,本振的频率调整由手动电压和鉴频电压共同控制,也就是手动电压和鉴频电压叠加后形成了本振控制电压,这样在实际操作中,频率控制在自动状态,手动电压也可以任意调整,直至主信号最佳。

测角支路中的中频信号还被分出一部分检波后,送入 800 kHz 通道,经放大解调后得到气象码送到数据终端系统。同时角跟踪信号也从 800 kHz 通道引出,其幅度为 2~3 V_{PP},此信号在放球的过程中始终保持线性,不失真地将回答器相对雷达的角度偏差反映出来。

接收机还有主波抑制功能,其作用是去除发射机主波和近地物回波对 AGC、AFC 及气象码解调造成的影响。其实现方法是这样的:在测距支路和测角支路分别接有电子开关,开关的导通、关断由主抑波门来控制,即在发射机工作期间,开关断开,发射主波,近地物回波就不会漏入相关电路,也就不会造成对其的影响。在具体电路上测距支路和测角支路的主波抑制有所不同,测距支路中电子开关与信号路是并联的,关断时间为 200 μs,而测角支路中的电子开关是串接在其中的,关断时间为 50 μs。主抑触发信号由测距系统送来,是一个宽度约为 1 μs、幅度为 TTL 逻辑电平的脉冲信号,它的前沿比发射脉冲提前 1 km。

2.4.2 主要技术指标

工作频率:1675±6 MHz;
本振频率:1645±6 MHz;
灵敏度:≤-107 dBm;
带宽:2.7 MHz;
总增益:≥110 dB;
AGC 控制能力:≥70 dB;
AFC 跟踪范围:±4 MHz。

2.5 测距分系统

2.5.1 基本原理

测距分系统的功能是对探空仪的应答器信号进行自动和手动距离跟踪,以完成对探空仪斜距的测定,并将距离数据送往数据终端。同时本系统还产生一系列时间上相关的脉冲作为基准送往其他分系统,以协调全机的工作。测距分系统的原理框图如图 2.20 所示。

测距就是测量应答信号对主波的延时,而时间的测量又可转化为对具有一定重复频率的脉冲的计数来求得。显然,脉冲周期的长短直接影响测距的精度,周期越短,测距精度就越高,反之则越低。在本系统中计数脉冲的频率为 37.477 MHz,这样每个脉冲代表的距离就是 4 m,即量化精度为 4 m。

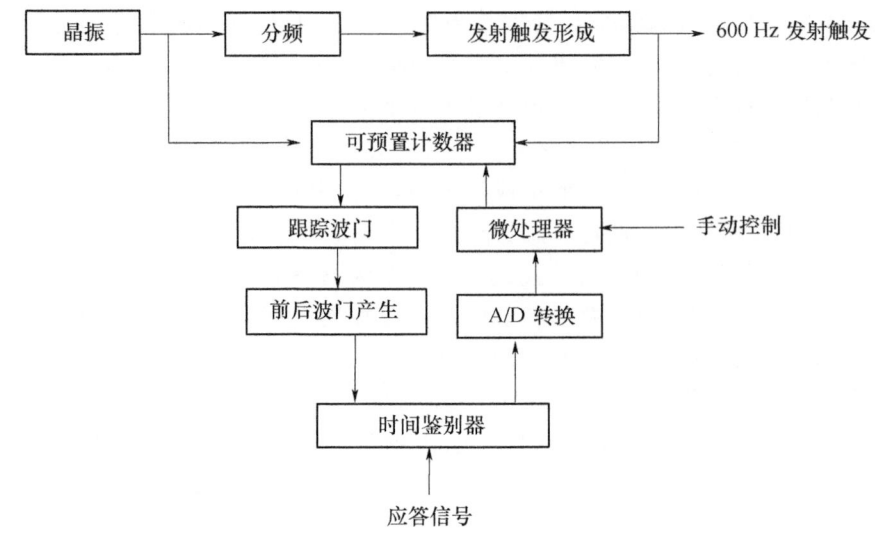

图 2.20 测距分系统原理框图

当发射脉冲加到可预置计数器时,该计数器被打开,并与事先预置的值 x 进行比较。在计数溢出时,产生一个脉冲,这个脉冲就是跟踪脉冲,由它去触发一个触发器,并产生前后两波门(前波门的后沿与后波门的前沿为一个时刻),用前后两波门将回波信号在时间上分为两部分,并分别送到两个积分电路,很显然,如果两波门的交接时刻与回波中心不一致(但差值不大),则被分裂成的两部分面积不等,因而积分电路输出的电压也就不等,两者的差值就代表了波门与回波原偏离程度,差值的极性就代表了偏离的方向。该误差电压经 A/D 转换变成数字量,经微处理器处理后改变可预置计数器的 x 值,从而产生延时可变的跟踪脉冲,改变波门位置,直至消除误差,完成自动跟踪的功能。回答信号、跟踪脉冲、前后波门的时间关系如图 2.21 所示。

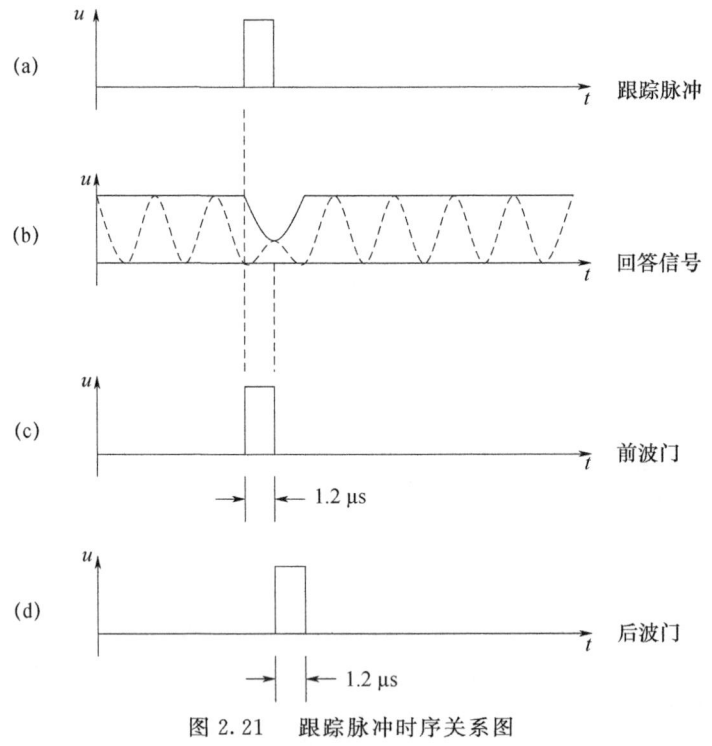

图 2.21 跟踪脉冲时序关系图

L波段探空雷达设置了近程(小)、远程(大)两个发射机,组成电路器件和结构安装上都有很大的差异,因而两个发射机对同一个探空仪的测距值就会有很大的差别(相对主波的延时不一样),因此测距的标定必须根据两个发射机分别进行。

测距分系统的有关电路设计在一块插板上,代号为11-3,放于室内的主控箱中。在11-3插板上设有两个8位的拨盘开关,其实际位置如图2.22所示。其中,S_2为远程发射机距离标定拨盘开关,S_1为近程发射机距离标定拨盘开关。"1"号位为低位,"8"号位为高位,当开关拨向"ON"时,距离显示值减小,反之则增大。

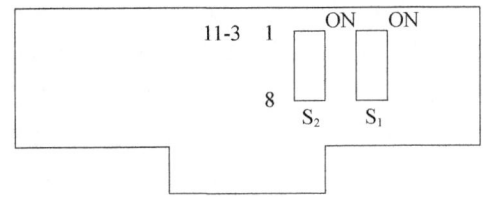

图2.22 测距系统拨盘开关示意图

2.5.2 主要技术指标

测距范围:100 m～200 km;
距离跟踪精度:≤20 m;
跟踪速度:0～200 m/s;
发射触发频率:600 Hz。

2.6 测角分系统

2.6.1 基本原理

本系统的主要功能是对天线方位、俯仰的几何角度进行测定,并实时传给数据终端。该分系统与测距分系统相结合完成雷达的测风功能,其工作原理框图如图2.23所示。

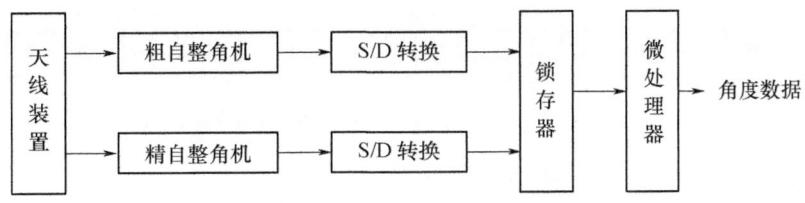

图2.23 测角分系统工作原理框图

在L波段探空雷达中,方位测角、俯仰测角的原理完全一样,从图2.23可以来叙述其工作原理。天线的方位轴(或俯仰轴)转动,通过同步轮来带动精、粗两个自整角机(精、粗自整角机速比为36∶1)转动,它输出的三相模拟电压代表了天线几何位置,将该模拟电压通过室内、室外的连接电缆送给轴角数据变换模块,而模块则将代表角位置的电压转换成二进制码送给锁存器,微处理器读取锁存器的二进制码后,将其变成十进制码,然后再通过精、粗搭配和零点标定后即得到方位角(俯仰角)值,并通过串口通信将数据实时传送给数据处理系统,并在计算机屏幕上显示出来。

方位的精、粗自整角机安装于室外的天线座内,而俯仰的精、粗自整角机则安装在天线装置的俯仰箱内(又称天线头)。方位、俯仰的轴角转换分别由两块印制插板完成,其代号分别为11-8、11-7,安装于主控箱内,两块插板又分别装有精、粗两个轴角转换模块,对应室外的精、粗自整角机。由于精、粗自整角机安装的随机性,其零点不一定正好对准,甚至相差很大,这样角度数据在天线全程转动范围内会出现不连续甚至有很大的跳动。为此,在轴角转换板上设置了一精、粗搭配拨盘开关(8 位),拨动其中的一个或多个开关,使精、粗达到良好的搭配。具体的操作是这样的:将轴角转换板上的开关 S_1 拨向"ON"的一边,此时计算机屏幕上的角度显示为"xx.xx",其中小数点左侧为粗读数,右侧为精读数。以方位为例,在天线低速连续转动时,如果搭配良好的话,粗读数与精读数的差值(粗读数必须大于精读数)应不超过 20,否则就须调整拨盘开关,直至搭配合适为止。搭配完以后,将开关 S_1 拨回原位置,使测角显示正常工作。俯仰的精、粗搭配方法与方位完全一样,需要指出的是,精、粗搭配的工作在雷达出厂前已全部做好,只有在以后的检修、维护过程中,更换自整角机或拆卸重新安装时,才须做此工作。

2.6.2 主要技术指标

量化精度:0.01°;
工作范围:方位:0°～360°,仰角:-6°～92°。

2.7 天控分系统

2.7.1 基本原理

天控分系统的功能是根据和差环所获取的角误差信号或手动信号完成对天线的控制,以达到跟踪探空仪的目的。其工作方式有两种,即手动和自动,在手动方式时,由人工操纵手动盒,天线可以上、下、左、右转动,当示波器上的四条亮线两两对齐时,即对准了探空仪。而在自动方式时,由软、硬件结合的控制单元将调制在载波上的角误差信号解调下来,使天线朝着误差减小的方向运动,完成自动跟踪的功能。其工作原理框图如图 2.24 所示。

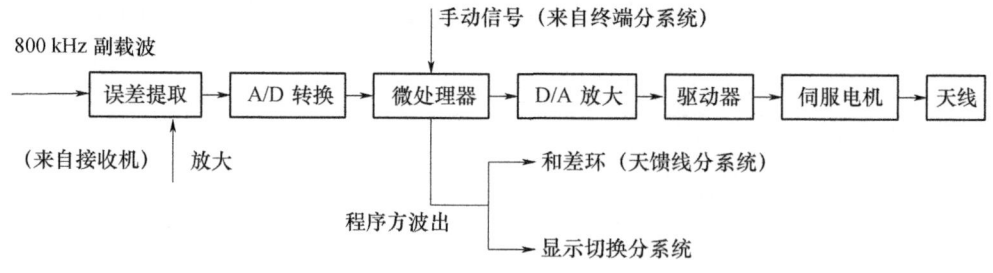

图 2.24 天控分系统工作原理框图

在手动状态时,终端分系统采样到手控盒的手控电压,将其转换成代表速度的数字信号,通过串口传给微处理器,它接收后再通过 D/A 转换变成相应的速度电平送给驱动器,驱动电机带动天线转动。

在自动工作状态时,检波电路将调制在 800 kHz 副载波上的角误差信号解调出来,经放大后送给 A/D 转换器将其转变成数字量,微处理器将这个数字量滤波、平滑后,再将其通过 D/A 转换器转换成代表角误差大小、方向的速度电压,再经直流放大器放大后送给驱动器驱动天线朝着减小误差的方向转动。

在天控分系统中,带动天线转动的是交流电机,而与之配套的则是交流数字化驱动器。这种伺服系统的特点是:动态特性非常优良,体积小、耗电少、功能多、智能化程度高,有完善的故障检测及报警功能,如过速、过力矩等。

此外,微处理器通过扩展并口输出 50 Hz 的程序方波,其作用是按 5 ms 的时间间隔依次导通和差箱中的 PIN 开关管,将差环获取的角误差信号调制至和信号上,即完成相当于换相扫描的功能。但由于 TTL 逻辑电平不能驱动 PIN 开关管,因此在该分系统中设置了 4 路完全相同的驱动电路,送至和差箱中的程序方波,波形如图 2.25 所示。

同时扩展并口输出的 TTL 逻辑电平的程序方波还送到显示、切换分系统,作为 X 轴扫描,完成测角状态四条亮线的显示。天控分系统的印制插板代号为 11-6,置于室内的主控箱内。

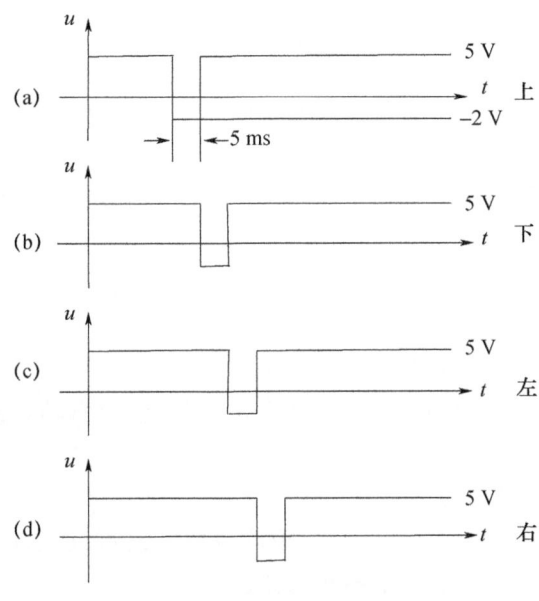

图 2.25 驱动方波示意图

2.7.2 主要技术指标

手动跟踪速度:方位:$0°\sim20°/s$,仰角:$0°\sim15°/s$;
自动跟踪速度:方位:$0°\sim20°/s$,仰角:$0°\sim15°/s$;
跟踪加速度:$15°/s^2$;
控制精度:$\leqslant0.02°$;
跟踪精度:$\leqslant0.08°$。

2.8 终端分系统

2.8.1 基本原理

终端分系统主要功能是完成各分系统与计算机之间的通信,即一方面从其他分系统读取数据送往计算机显示和处理,另一方面接收计算机发出的指令,控制其他分系统的工作状态。实际上它就是雷达的控制中心,也是雷达和计算机之间联系的唯一通道。其原理框图如图 2.26 所示。

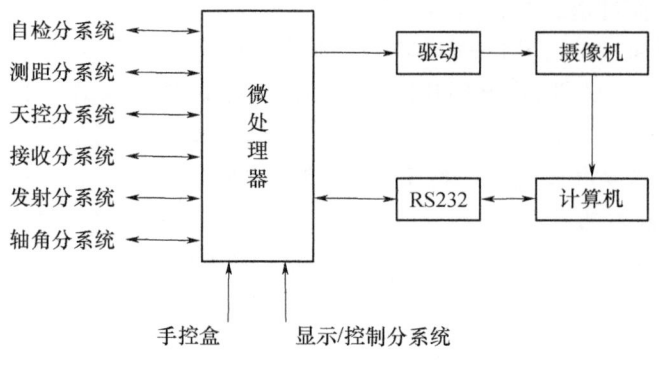

图 2.26　终端系统原理框图

从图 2.26 中可以看出终端分系统是控制枢纽,是信息中转站,它与计算机之间仅用一个 RS 232 串口,完成雷达和计算机之间大量的信息交换。该分系统采用轮循的方法,分别和自检/译码分系统、测距分系统、天控分系统、接收分系统、发射分系统、发射/显示控制分系统、计算机等进行通信。

2.8.2　主要功能

(1) 与自检/解码分系统之间的通信

终端分系统采用串口方式和自检/解码分系统通信,读取自动检测的结果和 21 字节的探空气象数据。

(2) 与测距分系统之间的通信

终端分系统控制距离手动/自动的切换,距离波门的前进/后退以及快进、快退,并采用串口通信的方式与测距分系统通信,读取斜距数据。

(3) 与天控分系统之间的联系

终端分系统控制天控手动/自动跟踪的切换,手动控制方向、速度,还可以控制天控分系统是否输出程序方波,即打开、关闭基测开关。

(4) 与接收分系统之间的联系

终端分系统控制接收机手动/自动增益的切换、手动/自动频率调整的切换,并提供手动增益电压及手动频调电压给探空通道板,同时把送往接收机前端高放增益控制电压进行 A/D 变换,变成相应的数字量,作为接收机的增益指示,在计算机的屏幕上显示出来。此外,终端分系统还将接收机前端送来的本振分频信号进行计数,换算成相应的接收信号的频率送给计算机在屏幕上显示出来。

(5) 与发射分系统之间的联系

终端分系统控制近程发射机的开、关,发射机的开、关及发射机的半高压、全高压的切换,同时还将发射机的磁控管电流进行 A/D 转换,送到计算机在屏幕上显示出来,以监视发射机的状况。

(6) 与测角分系统之间的通信

终端分系统用串口与测角分系统之间进行通信,读取方位、仰角的角度数据并实时地传送给计算机。

(7) 与发射/显示控制分系统之间的联系

终端分系统对发射/显示控制分系统进行控制,以决定示波器是做角跟踪状态显示,还是做距离跟踪状态显示,即是显示四条亮线,还是显示距离回答信号。

(8) 与手控盒之间的联系

在天控为手动状态时,终端分系统实时地读取手控电压并送到天控分系统控制天线的转动。

(9) 与计算机之间的通信

终端分系统采用RS 232标准接口与计算机进行通信,它实时地将从各分系统读来的数据及各分系统的工作状态送给计算机。同时也接受计算机发出的控制命令,控制各分系统的工作状态。

(10) 对摄像机的控制

终端分系统根据接收到的指令,送出高低电压,并通过驱动电路,带动摄像机中的微型马达,改变镜头中的焦距、光圈、景深等。

终端分系统是雷达的神经单元,它工作正常与否直接影响到雷达的工作状态。为此,在计算机的接收控制界面上专门开辟了一个窗口,在这个窗口,如果从雷达图标不断有蓝色的模拟脉冲串向计算机图标行进,则表示终端分系统与计算机之间通信正常。

2.9 自检/译码分系统

2.9.1 基本原理

自检/译码分系统的主要功能有两个,即故障的自动检测和探空码数据录取。其原理框图如图2.27所示。

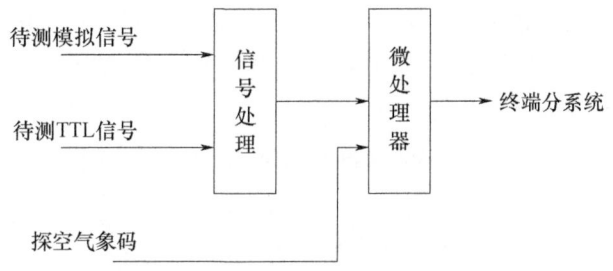

图2.27 自检/译码分系统工作原理框图

从框图中可以看出,被测的模拟信号和TTL逻辑信号经过信号处理后再送至微处理器,信号处理电路的作用就是将模拟信号和窄脉冲逻辑信号转换成具有一定幅度的逻辑电平,以利于单片机读取、判别,从而判定相关分系统关键信号的幅度、频率或脉宽是否达到要求。

在信号处理电路中,对较高的直流电压,做简单的分压即可,而对那些幅度较低、脉宽又很窄的脉冲信号,则需要先将其放大,然后再将其展宽,最后送给微处理器。

2.9.2 主要功能

雷达整机被测的信号有:

程序方波:脉冲信号(上、下、左、右四路);

发射触发脉冲:脉冲信号(TTL);
精扫脉冲:脉冲信号(TTL);
粗扫脉冲:脉冲信号(TTL);
24 V驱动电源:+24 V;
方位驱动告警:逻辑电平(+24/0);
俯仰驱动告警:逻辑电平(+24/0);
俯仰上限位:逻辑电平(+24/0);
俯仰下限位:逻辑电平(+24/0);
过荷保护:TTL逻辑电平;
反峰保护:TTL逻辑电平;
过压保护:TTL逻辑电平。

自检/译码分系统的另一功能是对探空码的录取。实际上,经过接收机解调,已经得出了气象探空码,可以直接送去计算机进行温、压、湿转换,但是在信号较弱时,接收机的噪声及其他一些干扰严重影响了探空码的质量,这样的探空码是不能直接送给数据处理终端的。为了降低误码率、提高探空精度,把接收机解调出的探空码送到该分系统,在软件上采用容错技术,对探空码进行智能判断,将得到的低误码率的21个字节探空码和2个字节的故障检测结果通过串口送给数据终端分系统。

自检/译码分系统的插板代号为11-5,置于室内的主控箱中。

2.10 发射/显示控制分系统

2.10.1 显示控制基本原理

显示控制单元的主要功能有两个,其一是角跟踪显示,即显示四条亮线,它对应于天线四个波束的信号;其二是距离跟踪显示,即将测距回答信号用精、粗双扫描线分别显示出来。其原理框图如图2.28所示。

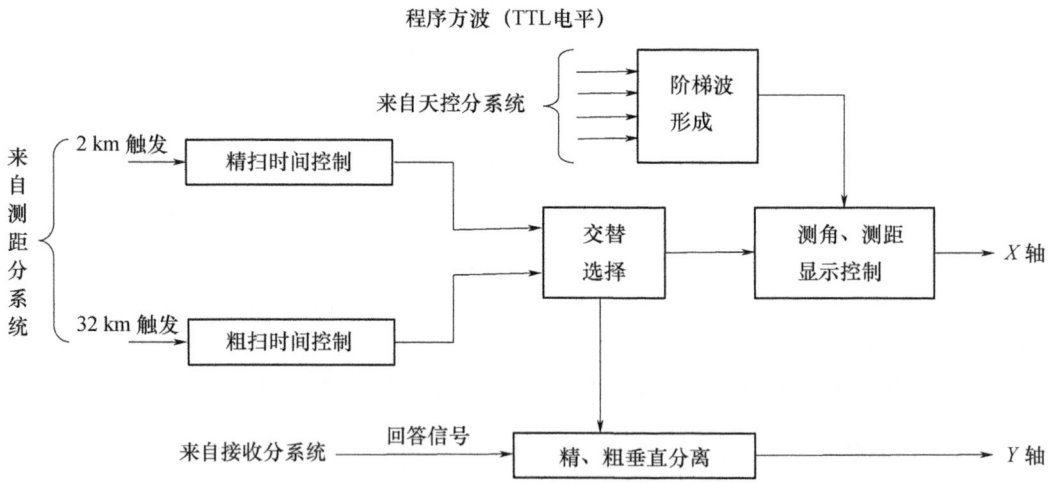

图 2.28　发射/显示控制分系统工作原理框图

第2章 L波段探空雷达工作原理及组成

显示控制单元由三部分构成，即40 MHz双踪示波器、X/Y轴信号处理板(11-2插板的一半)、亮度控制盒。利用双踪示波器作为雷达的测角、测距显示是该雷达的一个特点，这样不但可以减少雷达设备量，减少耗电量，在维修时，示波器还可以作为维修仪表使用，达到一机多用的目的。X/Y轴信号处理板是将测角、测距信号变换成示波器所需要的各种扫描视频信号。而亮度控制盒的作用是使精、粗扫描线的亮度基本相同。

从图2.28可以看出，显示控制单元由阶梯波形成、精粗定时、锯齿波形成、交替选择、角度距离显示控制、精粗垂直分离、亮度控制等电路组成。当显示控制单元工作于角度跟踪状态时，天控分系统送来的TTL电平的程序方波，经阶梯波形成电路送入示波器，X轴(其低电平为3.5 V，高电平为5.5 V)产生四个亮点(线)；当工作在距离跟踪显示状态时，2 km、32 km扫描锯齿波交替送入X轴形成精、粗两条扫描线。

由于精、粗采用1:1交替扫描，粗扫时间约为210 μs，精扫时间约为14 μs(两者的扫描幅度均为10 V)，即两条扫描线的空度是不同的，这样在视觉上两条扫描线的亮度就会差很多，影响对探空仪回答信号的观察，为此，利用示波器的外接增辉功能，对精、粗扫描线给予不同的增辉，使精、粗扫描线的亮度接近。此电路框图如2.29所示。

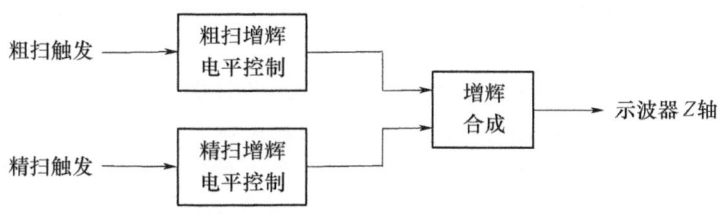

图2.29 亮度控制盒工作原理框图

2.10.2 发射控制基本原理

发射控制单元的功能是对发射机进行控制和保护。其工作原理框图如图2.30所示。

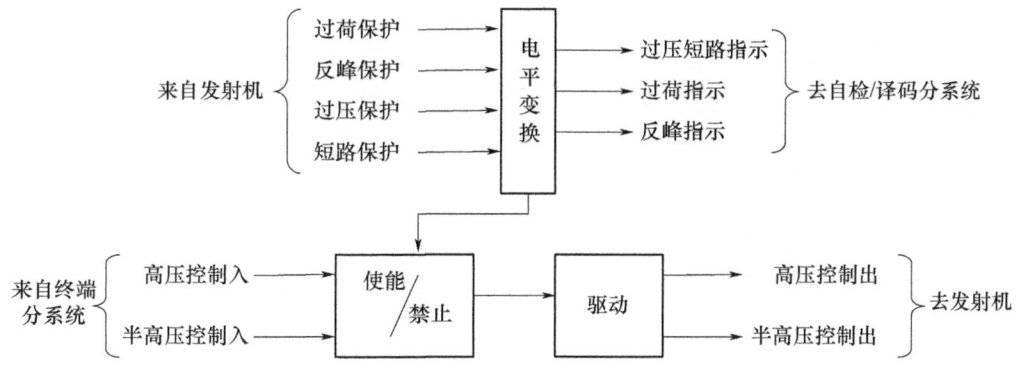

图2.30 发射控制工作原理框图

从框图中可以看出，由发射机送来的各种模拟保护信号，经电平变换后，成为能够与数字电路进行连接的TTL逻辑信号。在发射机出现故障时，这些信号一方面送到自检/译码分系统进行故障检测，最终在屏幕上显示出来，同时也送到使能/禁止逻辑电路，禁止发射机的打开，此外使能/禁止逻辑电路还包含了3 min延时电路，这是因为磁控管工作之前要充分地预热，以延长磁控管的寿命。该单元与显示控制单元都在一块插板上，代号为11-2，置于室内的主控箱中。

2.11 雷达整机电源系统

2.11.1 整机电源组成

电源系统的功能是为整机提供直流电源，由四个开关电源所组成，并且紧凑地安装在一个长方体的电源箱内，而这个电源箱再安装于主控箱中，开关电源输出直流电压分别为+15 V、-15 V、+5 V、+12 V。其中±15 V主要为模拟电路供电，而+5 V主要为数字电路供电，+12 V则为摄像头和近程发射机供电。在电源箱中，还有一个交流变压器，它将220 V的交流电压变成110 V的交流电，为测角分系统中的自整角机和轴角转换模块提供励磁电压，即四个轴角模块、四个自整机的励磁电压都由这个110 V的交流变压器提供。在主控箱面板的左侧，装有五个电源指示灯，从左起分别为+5 V、+12 V、+15 V、-15 V、~110 V，以指示各种电源的正常与否。在主控箱面板的右侧，装有两个电源开关，最右边的为总电源开关（但对天线座中的维修电源不起作用，要断掉维修电源必须拔掉主控箱的电源插头，这一点在维修中一定要引起注意），而另一个为发射电源开关，在此开关打开后，发射机开始预热，经3 min延时后方可开始加高压。

此外，驱动箱内还有一个+24 V电源，为交流伺服驱动器提供直流电源，驱动箱内的交流电源除了受面板上的电源开关控制外，还受主控箱的总电源开关控制，因为驱动箱内的交流固态继电器是与面板上的电源开关串接的，而继电器是受主控箱中的+5 V来控制的。因此，在主控箱面板上的总电源开关没有打开之前，驱动箱电源是无法打开的。这样做的目的就是保证在驱动箱工作之前，主控箱正常稳定工作，以防止天线失控。

在驱动箱面板上除了电源开关外，还有四个指示灯，从左向右依次为俯仰驱动器准备就绪灯（绿）、俯仰驱动器故障报警灯（红）、方位驱动器准备就绪灯（绿）、方位驱动器故障报警灯（红）。在准备就绪时绿灯亮，反之则不亮。工作正常无故障时，红灯不亮，反之驱动器则不工作且红灯亮起。

2.11.2 主要技术指标

电源输出范围：+5±0.2 V；
　　　　　　　+12±0.4 V；
　　　　　　　+15±0.5 V；
　　　　　　　-15±0.5 V；
　　　　　　　+24±0.5 V。

第3章　L波段探空雷达维护巡检操作规程

L波段探空雷达维护巡检操作规程主要包括维护巡检前准备、现场维护巡检、雷达标定与检查、分系统检查、主要技术指标的测试、主要备件检查及维护巡检流程图等内容。

3.1　维护巡检准备

L波段探空雷达每年巡检一次，雷达巡检工作主要由省级气象装备保障中心完成，地区和台站保障人员辅助省级保障人员共同完成雷达维护巡检任务。维护巡检检查工作基本在室外进行，所以一般选择天气比较温暖的季节开展。在巡检之前都要做好充分的准备工作，主要有以下内容。

(1)制订详细巡检计划。新疆地域辽阔，探空雷达数量多，保障人员有限，需要计划安排好巡检路线、人员、车辆、仪表、备件等，提前做好准备工作。巡检计划制订好后，要及时上报省级观测网络处，也要下发到各个地区保障中心及台站。

(2)收集台站雷达运行中存在的问题。认真收集每一个探空站L波段探空雷达在运行中经常存在的问题，针对存在的问题提出解决方案，巡检人员进行巡检首先解决问题，再进行雷达巡检。

(3)仪器仪表准备。在L波段探空雷达巡检过程需要使用各类仪表，在巡检之前认真检查示波器、频谱仪(手持)、信号源(手持)、网络分析仪或射频分析仪以及转接头和线缆。

(4)工具用具。扳手类(含内六方扳手)、钳子类、螺丝刀类、电烙铁、手枪钻、专用工具、无水乙醇、润滑脂等，这些主要由台站准备。

(5)备件准备。针对台站存在的问题，巡检人员前往台站进行巡检时，可以带一些备件，如高频组件、前置高放、中频通道盒。如果有车一起前往雷达站可以考虑带大发射机、电机等。

(6)电脑及巡检电子文档准备。

3.2　现场维护巡检

3.2.1　问题处理

按照巡检前的理论分析，结合设备实际对问题做出进一步认真、细致的分析、判断并妥善处理好，处理后还应进行实际检验。如无法完成处理，须认真做好记录或请求技术支援。

3.2.2　设备的维护

(1)注意安全工作

维护前应切断电源(天线座三孔电源插座供电由UPS直接提供，不需要开主控机箱和驱动箱电源开关)，确保人身、设备安全；在进行室外天线组合的维护、检修、测试、调试等工作中要做好各种防护,防止人员跌落、工具用具的意外创伤等。总之,安全工作意识任何时候都不能放松。

(2) 适当统筹

根据巡检安排结合天气情况可灵活掌握巡检顺序。设备维护可遵循先室外后室内、先上后下的顺序,可避免遗漏或减少重复工作等。

(3) 天线组合的维护

检查天线阵外表面油漆有无脱落,各结构件配合间隙是否正常,各种螺钉是否紧固,各电缆及接插件连接是否可靠。

(4) 俯仰驱动舱的检查维护

打开俯仰驱动舱盖,检查电机、谐波箱各固定螺钉是否紧固,俯仰传动带张力是否正常,如果过松应予以更换。传动带表面是否有油污,如有油污,可拆下用汽油进行清洗,晾干后装回。传动带拆卸技巧:给较大皮带轮一侧的传动带沿弧面施加向外的力,边转动皮带轮边施力,传动带便可逐渐沿弧面退出。

(5) 俯仰同步舱的检查维护

使用鲤鱼钳和扳手拆下和差箱输入输出电缆插头,用专用扳手卸下和差箱(注意:应两人以上操作,并注意安全),拆下同步舱盖,检查粗精同步机固定螺钉、连轴节螺钉、同步机底部接线螺钉等是否紧固。

(6) 俯仰同步机的维护检查

记录粗精同步机端盖上的接线编号,拆下所有接线端,卸下端盖,用镊子捏住蘸有少量无水乙醇的脱脂棉小心清洗整流子和电刷,再用干脱脂棉清洁一次,用镊子小心整理电刷,对电刷压力稍做调整,最后恢复同步机端盖。

(7) 俯仰轮系的维护

打开俯仰减速箱盖板,用清洁布擦去扇形齿和驱动齿表面的陈油,用毛刷蘸汽油清洗残油,待晾干后涂上新油(航空润滑脂),装回盖板。

(8) 和差箱的检查维护

打开和差箱盖做除尘,视觉检查有无异常,用尖嘴钳检查所有 N 型高频插头是否紧固,用鲤鱼钳检查 L27 高频插头是否紧固,用 8 mm 呆扳手检查 SMA 插头是否紧固,用螺丝刀检查前置高放、限幅器、调相器、隔离器等固定件有无松动;用内六方扳手检查调相器锁定螺杆是否紧固。检查 WT8 电缆 L27 插头、插座,用整形器和丁字形扳手对内外导体进行整形。

(9) 天线座的维护检查

打开天线座四面舱盖,拆下发射机接地引线,拆下发射机电源信号输入插头,拆下磁控管耦合器输出 L27 插头,抽出发射机,用毛刷结合吹尘器对舱内进行除尘清理,视觉检查有无异常,用呆扳手、鲤鱼钳、尖嘴钳等工具检查各种接插件是否可靠,特别是高频组件输入输出信号线、电源插头等是否连接可靠,对发射机→环行器输入、环行器输出→高频旋转关节端口电缆 L27 J 头与 K 座分别用整形器和丁字形扳手对内外导体进行整形。

(10) 汇流环的检查维护

拆下汇流环刷架,分别用蘸有少量无水乙醇的脱脂棉擦洗导电环和电刷,并用干布进行复擦,安装刷架仔细调整,兼顾上下间隔到合适位置。

(11) 大发射机的检查维护

视觉检查磁控管、电路板、变压器(阻流圈等)、可控硅、电容器、电感、接插件、焊点、接线、接地、螺钉等有无异常,用毛刷和吹尘器等进行除尘,用无水乙醇清洗脉冲变压器、硅堆等绝缘端子,对结构件螺钉等应进行紧固,上述检查维护完成后,将大发射机装回天线座,将各类接插件线缆连接到位。

(12) 方位驱动组合的检查维护

打开方位驱动电机屏蔽罩,检查电机联轴器螺钉是否紧固;检查谐波箱固定螺钉是否紧固,部分台站雷达还应检查谐波箱定位销是否松动、是否需要更换等;销钉松动可在金属加工部用45号碳钢加工 $\Phi 5.1 \sim 5.2$ mm 或根据销钉孔扩大的实际尺寸进行加工。方位回转大齿轮润滑脂如有明显发黑,应参照(7)进行维护保养。

(13) 方位同步机的维护检查

记录粗精同步机端盖上的接线编号,拆下所有接线端,卸下端盖,用镊子捏住蘸有少量无水乙醇的脱脂棉小心清洗整流子和电刷,再用干脱脂棉清洁一次,用镊子小心整理电刷,对电刷压力稍做调整,最后恢复同步机端盖。

(14) 方位轮系的维护

打开方位减速箱盖板;用清洁布擦去驱动齿表面的陈油;用毛刷蘸汽油清洗残油待晾干后涂上新油(航空润滑脂);装回盖板。

(15) 主控机箱的检查维护

关闭电源,打开主控机箱箱盖,拆下电路板对机箱大底板进行除尘,用蘸有无水乙醇脱脂棉等材料对电路板插座、插头进行清洗;打开电源盒盖板进行除尘,检查电源模块接线端螺钉是否紧固;完成维护后测试各电源模块工作电压并做好记录。

(16) 驱动箱的检查维护

关闭电源,打开箱盖,完成目视检查、除尘、各类螺钉的检查;完成电源测试并做好记录。

(17) 示波器的检查维护

关闭电源,拔下电源插头,打开机箱盖,进行除尘维护。

(18) UPS 的维护检查

切断输入电源,对 UPS、电池柜进行除尘清理,检查各输入输出接线、插头是否牢固,特别是使用螺钉进行电气连接的部位一定要进行紧固。

(19) 应急备份接收系统的检查维护

切断输入电源,对应急备份接收机、天线等进行除尘清理。检查各输入输出接线、接插件是否牢固,各结构件是否紧固。

3.3 雷达标定与检查

3.3.1 标定前准备工作

根据天气情况,尽量选择风速小、晴朗的天气下进行。做好人员安排,以及通信设备、工具用具和气球、探空仪的准备等。

3.3.2 水准器的安装及天线水平的检查与校正

先转动方位角,使主轴上某一个水准器正好停在和某两个千斤顶连线相平行的位置上。调整其中一个千斤顶,使水准器的气泡正好在横线中央,调整第三个千斤顶,使另一个水准器的气泡也正好在横线中央。然后将方位角旋转180°,若气泡仍在中央,说明水准器安装正确,若气泡不在中央而有一差值,说明水准器不在正确位置,需要进行校正。这时用调水准器的专用工具调整水准器两端螺母,使气泡向中央移动差值的一半,再用千斤顶修正差值的一半,然后按上述方法重新检查、校正,直至差值为零。两个水准器最好分别进行校正,校好后将水准器两端的螺母紧固。

3.3.3　方位回差检查与调整

雷达加电情况下,用手来回搬动雷达天线,同时在雷达终端上观察方位角度的变化,如果回差方位≥0.3°,并且来回有明显间隙,应该检查方位谐波箱定位销钉。具体检查方法:拆下方位电机屏蔽罩,卸下方位谐波箱顶部一侧两颗固定螺钉,取下定位销挡板,查看方位谐波箱定位销当前位置,一般回差较大方位销子已经歪了或销钉孔已扩大,需要取下销钉,重新打造一个直径(可适当加大至0.05~0.1 mm)和长度与以前一样的销钉,以替换以前的销钉。销钉装好后再装回挡板上好固定螺栓。待一侧检查完后,再用上述方法检查另一侧定位销,最后将电机屏蔽罩装回。

3.3.4　仰角回差检查与调整

雷达加电情况下,用手上下搬动雷达天线,同时在雷达终端上观察仰角角度的变化,如果回差≥0.3°,并且上下有明显间隙,应该打开天线最顶部的四方盖子,观察顶部中间轴上的销子,如果松动,应该将销子用榔头砸入,再拧紧下面螺丝。上下转动天线观察扇形齿轮和中间轴齿轮咬合情况。如果销子拧紧之后仰角回差还大,扇形齿与中间轴齿轮啮合情况较好,应该检查仰角谐波齿轮。打开天线头侧面的仰角谐波齿轮盒盖子,取下皮带,整体卸下谐波齿轮箱,重新更换一个谐波齿轮箱。

3.3.5　仰角零度的标定

完成上述校正后,在天线侧面数十米处架一个经纬仪并调好水平。接通雷达电源,转动天线仰角,这时转动经纬仪的仰角,观察天线桁架边缘线(反射体背面的垂直桁架)是否垂直;如基本垂直,说明天线仰角处于水平位置,如不垂直,则应根据经纬仪的观察,微微转动天线仰角使其垂直,将俯仰角测量板的标定孔对地短路即可。

3.3.6　方位角零度的标定

一般采用北极星法(如有特殊需要可使用经纬仪磁针法)。选择晴夜利用雷达瞄准镜对准北极星来标定零点。求出测站地方太阳时,运用天文年历订正表,查出订正值,读出当前北极星方位角,如超过范围须进行修正。将当前方位角读数加、减订正值,将天线转到计算出的方位值上标零,再将天线对准北极星,如果方位角对应订正值则是正确的,否则需重新标定。完成标定后对一个可视目标作为固定无源目标,或选择白天完成这一任务。建议在进行北极星标定的同时,将经纬仪也同时进行标定,以提高对比观测效果和测风精度。

3.3.7　方位俯仰粗精搭配

将方位测角板或俯仰测角板的4位拨码开关(S1)拨到"ON"位置,则终端显示屏上方位角指示为"××.××",前面两位数字代表粗读数,后两位数字代表精读数,在天线整个范围转动时,拨动拨码开关(S2)使两个读数差值小于20(根据经验最后将差值控制在10~20),这样精、粗搭配就调整好了。

3.3.8 光轴与仰角轴垂直的检查调整

将瞄准镜从正常的工作位置取下,逆时针转90°,将目镜从左向右插入,把天线仰角摇至0°,转动方位角,寻找并使瞄准镜对好一远距离(2 km以外)目标,记下目标坐标(X_0、Y_0)。然后保持方位角不动,将仰角由0°转到90°,观察同一目标,记下坐标(X_{90}、Y_{90}),两点间的距离≤0.1°(1.67密位)。则不一定要调整;若>0.1°,就需要调整。调整时,将天线转至0°,用扳手调节瞄准镜架三角板上的三个螺钉,使目标坐标移到圆心的坐标(X、Y)(X、Y计算公式分别为:$X=(X_0+X_{90})/2+(Y_0-Y_{90})/2$,$Y=(Y_0+Y_{90})/2+(X_{90}-X_0)/2$)。每调一次,检查一次,直到合格。

因雷达周边环境无法找到远距离目标时,可参照雷达技术说明书制作一个靶标,作为标定目标。

3.3.9 光轴与水平面的平行的检查调整

将瞄准镜置于正常工作位,摇动天线仰角至0°,转动方位角,寻找并使瞄准镜对好一远距离目标,记下目标坐标Y轴上的数值,将瞄准镜卸下从正常工作位反转180°装入固定好,记录当前方位值并保持仰角0°,将当前方位角加减180°对准原目标,读取Y轴值与前一读数进行比较,如差值≤0.1°(1.667密位)不须调整,超出误差范围则须调整。方法是:拧松瞄准镜碟形螺母,用8 mm呆扳手将瞄准镜平行于物镜导轨上方垂直面上两个固定螺钉松开,再将导轨上部水平面上两个调整螺杆下的锁定螺帽松开,调整两个螺杆使瞄准镜中目标Y轴的读数调整到原误差值的一半,拧紧所有螺母和碟形螺母后检验,以上步骤须反复多次直至合格为止。

3.3.10 光轴与电轴一致性的检查调整

选择一个天气晴朗、能见度较好的白天,在放气球约10 min(气球过顶或仰角变化幅度相对减慢)后用雷达瞄准镜观察探空仪/回答器(在视力允许的情况下尽可能观测探空仪/回答器)或气球,检查至少需要3个人同时配合,室内的观测员负责观察示波器的四条亮线,在四条亮线两两对齐(上、下对齐,左、右对齐)的瞬间,通知室外瞄准镜观测员,立即确定回答器在瞄准镜中的位置,并记下回答器查看目标偏离十字线中心的数值,经过持续观察,如果回答器在瞄准镜内的位置与十字线中心的偏离≤0.1°(1.667密位),则认为合格,即光轴与电轴一致,若偏离>0.1°,就须调整。

调整的手段就是调整移相器的长短,使电轴与光轴一致,调整时,先将天线装置中的和差箱打开。自动跟踪时其调整方法是:目标偏上时,上调相器缩短,下调相器加长,目标偏下反之;目标偏左时,左调相器缩短,右调相器加长,目标偏右反之。

3.3.11 距离零点的标定

L波段探空雷达测距采用了自动跟踪回答信号的数字测距法,其标定可以采用已知距离法。将探空仪放在距离雷达100~200 m(小发射机距离零点标定)的地方用其他方法精确测出探空仪与雷达天线之间的直线距离。由于探空仪之间回答延时有一定的差异,用不同的探空仪来标定则会出现较大的误差,因此,应选2~3只探空仪,取其平均值。具体标定方法如下。

(1)近程发射机

把探空仪放于离雷达一定的距离(如 200 m)处,用鼠标点击控制画面上距离手/自动按钮,置"手动"状态,再点击距离"前进"或"后退"按钮,使距离显示值在 200 m 左右处,这时应能看到距离显示屏上回波的位置,拨动测距板上的拨码开关(S1),使回波回到显示 2 km 扫描线上的两个暗点之间,再把距离置"自动"状态,观察控制画面上距离显示值,是否在 200 m 左右跳动,反复上述过程,达到标定的目的。

(2)发射机

步骤同上,探空仪距雷达的距离要在 450 m 以上,拨码开关为(S2)。

在距离零点定好后,最好找几个比较孤立的地物回波,记下它们的仰角、方位角和距离,以备参考。

3.4 各分系统检查

3.4.1 发射分系统检查

(1)发射机。加半高压观察终端界面磁控管电流指示值应该在 3.0 左右;加全高压观察终端界面磁控管电流指示值应该在 4.0 左右;用示波器 Y 通道探头接至 11-2 板的 XP2:14,观察发射主波;用示波器 Y 通道探头接至 11-2 板的 XP2:14,观察地物回波;

(2)近程发射机。用示波器 Y 通道探头接至 11-2 板的 XP2:14,观察发射主波。

(3)示波器输出测角、测距信号能否正常转换,示波器亮度是否有增辉效果;发射机故障提示,是否通过自检/译码分系统,再经终端显示。

3.4.2 接收分系统检查

(1)增益检查。在探空仪没有通电时,接收机增益为自动状态,观察示波器 4 根亮线(上部较细)幅度是否为 2 V 左右,并观察界面的增益指示值的变化;在探空仪没有通电时,接收机增益为手动状态,点击界面增益"增加""减少"按钮,噪声的幅度变化是否均匀;在探空仪通电时,接收机增益为自动状态,"基测"开关处于关闭状态,转动天线,观察示波器 4 根亮线的高低会有规律性变化,并观察界面的增益指示值的变化。

(2)频率检查。在探空仪通电时,接收机频率为手动状态,点击界面频率"增加""减少"按钮,观察界面增益指示值是否变化,同时界面频率指示是否有变化,频率指示值是否在 1675 MHz 左右;在探空仪通电时,接收机频率仍为手动状态,点击界面频率"增加"或"减少"按钮,将频率减少或增加 3~4 MHz,再将接收机频率仍置于自动状态,观察频率指示值是否在 1675 MHz 左右。

3.4.3 测距分系统检查

(1)将探空仪通电并置于适当的位置,且对准雷达天线,在无地物回波影响下,打开近程发射机,在距离跟踪处于自动状态,观察应答信号"凹口"。

(2)将距离跟踪置于手动状态,点击界面上的距离慢动按钮,使得"凹口"离开两暗点间的中心位置 200 m 左右,再将距离跟踪置于自动状态,观察"凹口"是否在两暗点的中心。

3.4.4 测角分系统检查

(1)在天控处于手动状态,用手动盒使天线在360°范围匀速转动,观察界面方位指示变化,以及是否有不连续的跳动。

(2)在天控处于手动状态,用手动盒使天线在-6°~92°范围匀速转动,观察界面仰角指示变化,以及是否有不连续的跳动。

3.4.5 天控分系统检查

(1)将通电探空仪置于适当位置,且天线对准探空仪时,调整接收机频率使增益达到最小,置天控于手动状态,分别使天线上、下、左、右偏离中心3°左右,观察示波器4根亮线变化。天线向上移动时,亮线变化规律是否上线变长、下线变短;天线向下移动时,亮线变化规律是否上线变短、下线变长。左右亮线变化规律与上下亮线一致。

(2)在偏离探空仪时,置天控于自动状态,观察天线是否迅速跟踪上探空仪。

3.4.6 终端分系统检查

(1)与发射分系统通信。打开进程发射机,如果探空仪通电,在示波器上能否看到应答"凹口",如果探空仪未通电,示波器上能否看到主波;打开发射机,3 min后,界面磁控管电流指示是否为3.0 mA左右,同时示波器能否看到主波及地物回波。

(2)与接收分系统通信。接收机界面增益按钮"自动"和"手动"能否切换;在探空仪通电时,接收机界面增益按钮置为"手动"状态,再点击"增加""减少"按钮,示波器4根亮线是否产生高低变化;在探空仪通电时,接收机界面增益按钮置为"自动"状态,示波器4根亮线是否始终在2.5 V左右;接收机界面频率按钮"自动"和"手动"能否切换。在探空仪通电时,接收机界面频率按钮置为"手动"状态,再点击"增加""减少"按钮,界面频率指示是否发生变化。

(3)与测距分系统通信。将界面距离跟踪按钮置为"手动",点击界面"前进""后退"按钮,界面距离数值是否发生变化,点击界面"快进""快退"按钮,界面距离数值是否发生快的变化。

(4)与自检译码分系统通信。探空仪通电、接收机调谐后,界面模拟探空码脉冲是否在不断增长;在基测状态下(程序方波关闭),接收界面"帮助"图标是否闪动。

(5)与天控分系统通信。点击界面"基测"按钮,天控分系统有无程序方波输出;点击界面"天控"按钮,天控能否在"自动"和"手动"切换,在"手动"状态时,天线操纵盒能否控制天线,在"自动"状态时,天线与探空仪偏差是否能控制天线;用示波器Y通道探头接至11-6板的XP1:3、4、5、6端,看有无程序方波输出,幅度是否正常。

(6)与测角分系统通信。匀速连续转动天线方位,匀速连续转动天线仰角,界面仰角指示是否连续、均匀在-6°~92°范围内变化,界面方位指示是否连续、均匀在0°~360°范围内变化。

(7)与发射显控分系统通信。点击"显示切换"按钮,示波器显示状态是否在测距和测角来回切换。

(8)与天控分系统手控盒通信。点击界面"天控"按钮,将状态置为"手动",摇动手控操纵杆,确认手控操纵杆是否工作正常。

(9)与摄像机通信。点击界面"摄像机"按钮,摄像机的光圈、景深是否有相应的变化。

3.4.7 自检译码分系统检查

探空仪通电,接收机对其调谐,如果界面有模拟探空码在行进,界面探空录取显示窗口是否有温度、湿度、气压三条曲线在不断加长。

3.4.8 电源分系统检查

在主机箱内的电源箱中分别输出+15 V、-15 V、+5 V、+12 V直流电压和110 V交流电压,用三用表测试以上电压是否正常。

3.4.9 应急备份接收系统

开启应急备份接收机、探空软件,固定有源目标。确定探空信号接收指示是否正常,频率、增益控制是否有效,软件译码是否正常,天线控制是否灵活,有无卡滞等情况。

3.5 雷达主要技术指标检查与测试

3.5.1 发射系统

(1)发射脉冲功率的测试。将定向耦合器串入发射机输出端,用峰值功率传感器(注意:前端串接合适的衰减器)接入定向耦合器耦合口,测出发射脉冲功率值。

(2)发射频谱和频率的测试。按上述接法功率传感器改为手持频谱仪测得发射频谱和频率。

(3)发射包络波形的测试。按上述接法在衰减器输出端串接检波器,用示波器检测发射包络脉冲宽度、前沿、后沿、顶部起伏等指标。

3.5.2 接收系统

(1)工作频率的检查

测试检查前,将射频信号源置于室外天线座附近,把天线座盖板用专用扳手打开,断开高频组件与限幅器的连接,然后将高频组件与射频信号源连接好(图3.1);将室内主控箱中的中频通道盒抽出,用三用表连接其检波输出(BNC接口)。接收机频率控制、增益控制均置于手动,置射频信号源频率为1675 MHz,幅度为-95 dBm,调整接收机的频率应能正常调谐(如果三用表指示过大,可适当调整接收机的增益),改变射频信号源的频率分别为1679 MHz、1681 MHz,如果接收机均能正常调谐,则说明接收机的工作频率正常。

(2)灵敏度的检查

测试连接同上,置射频信号源频率为1675 MHz,幅度为-95 dBm,调整接收机频率,使接收机谐振,关断射频源输出,记下三用表指示U_0(调整接收机手动增益,使U_0在0.3 V左右),再打开射频源,调整其输出使三用表指示为$\sqrt{2}U_0$,记下此时射频源输出功率PS,则PS即为接收机灵敏度,且PS应不大于-107 dBm(如果射频源与高频组合之间的连接电缆损耗较大,应将其扣除掉)。

(3)总增益的检查(不含场放)

测试连接及射频源状态同上,接收机增益控制置手动,且将增益调整至最大,记下三用表指示U_0,然后打开射频源,调整其输出,使三用表指示为$(1+U_0)$,再记下此时射频源输出幅度$A(\mu V)$,则接收机的总增益为$G=120+20\lg(\sqrt{1+2U_0}/A)$,此值应不小于110 dB。

(4)工作带宽的检查

测试连接同上,接收机增益控制置手动,设置信号源频率为1675 MHz,幅度为-95 dBm,

调整接收机频率,使接收机谐振,调整增益到电表指示一整数位U(便于读数计算),缓慢减小信号源频率至电表指示为$U\sqrt{2}/2$,记下此时信号源的频率读数f_L,再反向缓慢增加信号源频率再到电表指示为$U\sqrt{2}/2$值,读取信号源频率读数值f_H,则$\Delta f = f_H - f_L$,此时的Δf为雷达高中频带宽值(单位为MHz)。测试连接如图3.1所示。

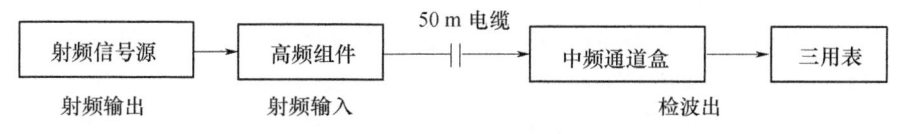

图3.1 接收系统测试示意图

(5)天馈系统驻波比(接收向)检查

将和差箱外 WT8-L27 高频插头拧下直接接入和差环输入端口(须拆下端口前的环行器),将网络分析仪电桥输出端口接入 N-L27/KJ 适配器,加电校开路后接至天线座下部高频旋转关节 L27 电缆插座输入端,用网络分析仪测量驻波比的功能,检查天线接收驻波比。分别对 1669 MHz、1675 MHz、1681 MHz 三个频率点进行检测。

(6)高功率天馈系统总驻波比检查

在发射机磁控管输出端串接一个定向耦合器,在发射机工作状态下,分别用功率计测量(前段加 10 dB 衰减器)入射波和反射波,利用反射系数和电压驻波比公式计算出高功率状态时天线系统驻波比,正常值小于 1.2。

3.6 主要备件检查

为了保证雷达主要备件工作性能正常,每次维护巡检时,主机 8 块插件板、前置高放、高频组件和中频通道盒必须进行检查。

3.6.1 主机箱 8 块备件板检查

主机 8 块插件板每个台站都有相应的备板,在维护巡检过程必须将每块电路板上机带电进行检查,这样才能确保当工作电路板出现问题时更换备板后快速恢复雷达正常工作。具体检查办法:

(1)取出 8 块备板,按照 11-1 板到 11-8 板的顺序进行检查;

(2)在插拔电路板时一定要关闭主机电源,同时一定必须按照电路板的插脚顺序(XS1 脚靠主机前部,XS2 脚靠主机后部)进行;

(3)关闭主机电源,拔出 11-1 板,插入转接板,再插入 11-1 备板,开启主机电源,按照 3.4 节中"各分系统检查"的步骤进行检查。在检查过程中如果存在问题,则准备仪器仪表按照 5.4 节中"主机箱 8 块电路板测试"的具体电路板的检查测试方法进行,同时最好参考 8 块插件板的电路图纸进行。按照电路图纸找到出现故障的芯片,更换相应的芯片,问题得以解决。其余备板按照以上方法进行。

3.6.2 接收主要备件检查

3.6.2.1 前置高放(场放)检查

前置高放是接收系统的一个重要器件,是 L 波段雷达的低噪声放大器件,如果该器件出现问题,高频组件的输入端没有信号(或者信号非常弱),终端面板实际增益很大。前置高放的主要技术指标是放大增益和信噪比,使用信号源和频谱仪,按照 5.3 节"接收分系统测试"中前置高放测试方法进行。如果出现问题,使用频谱仪和信号源逐级检查故障,再更换器件。前置高放厂家没有提供电路图纸,逐级检查并更换故障器件是比较困难的。

3.6.2.2 高频组件检查

高频组件是接收系统的关键器件,它分为高频和中频部分,分别进行检查。主要检查高频增益、中频增益、混频后中频信号中心频率、信噪比(匹配滤波器)和中频带宽等指标。如果其中有一项技术指标出现问题,都将导致雷达接收系统不能正常工作。使用信号源和频谱仪,按照 5.3 节"接收分系统测试"中高频组件测试方法进行。高频组件厂家没有提供电路图纸,逐级检查并更换故障器件是比较困难的。

3.6.2.3 中频通道盒检查

中频通道盒是将高频组件输出的中频信号进行放大后分成 2 路,通过检波和鉴频电路,分别取出自动增益控制电压和自动频率控制电压反馈到高频组件一端,在自动方式(增益和频率)下,始终保持中频通道盒输出信号恒定的增益和频率,同时通过处理输出 800 kHz 的角信号、距离信号和气象电码,并送至 11-1 板和 11-3 板。中频通道盒是主要技术指标增益、带宽、自动增益和自动频率控制能力以及输出 3 路 800 kHz 的角信号、距离信号和气象电码。分别使用频谱仪和信号源按照 5.3 节"接收分系统测试"中频通道盒测试方法检查中频通道盒是主要技术指标增益、带宽、自动增益和自动频率控制能力;使用通电电子探空仪、示波器检查 11-1 板上输出的 800 kHz 的角信号、距离信号和气象电码,由于中频通道盒信号输出插头不好接入仪表,只能在 11-1 板上进行检查,检查测试办法按照 5.4 节中"主机 8 块电路板测试"中 11-1 板测试方法进行。中频通道盒厂家没有提供电路图纸,逐级检查并更换故障器件是比较困难的。

3.7 维护巡检流程图

(1)雷达巡检维护检查总流程图如图 3.2 所示。

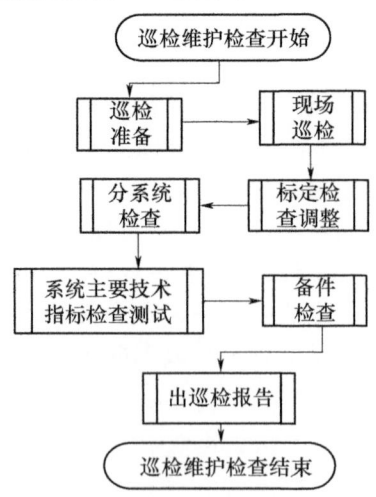

图 3.2 雷达巡检维护检查总流程图

(2)雷达巡检准备流程图如图3.3所示。

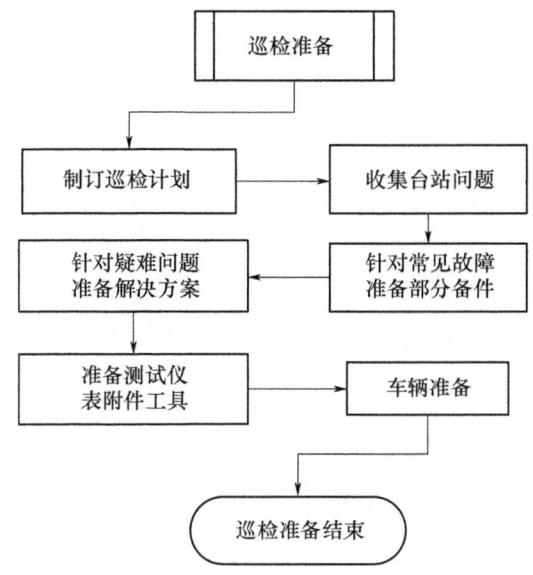

图 3.3　雷达巡检准备流程图

(3)雷达现场巡检流程图如图3.4所示。

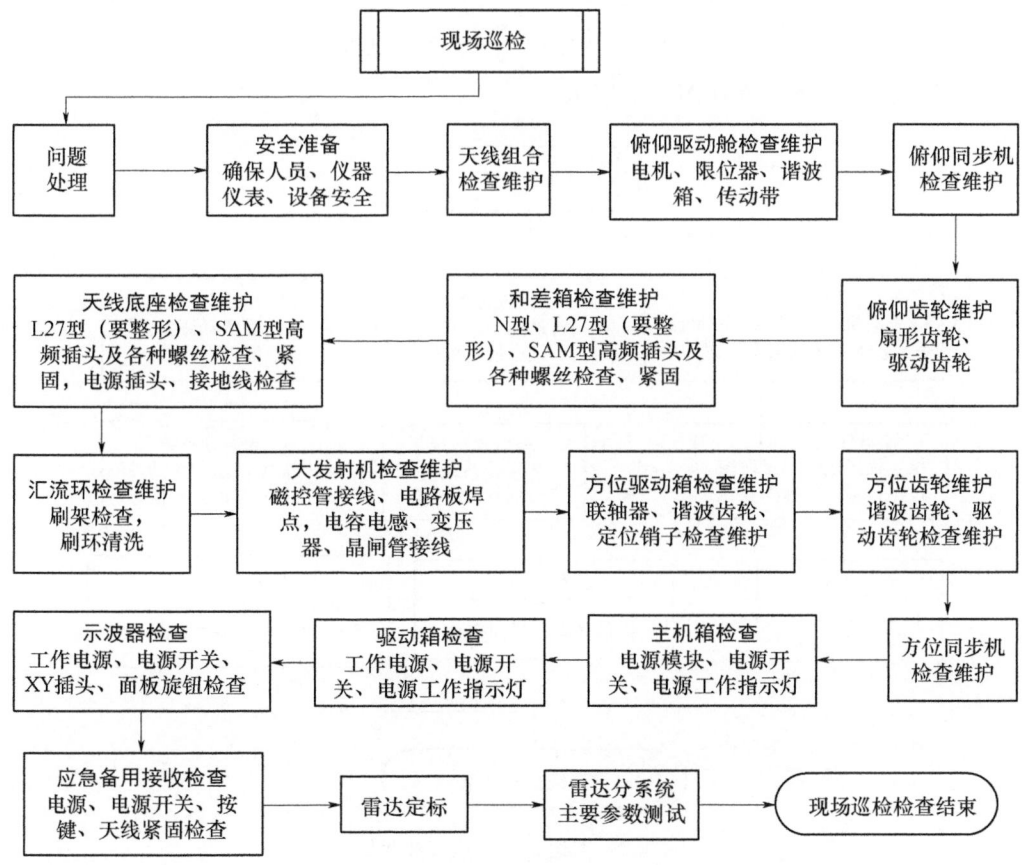

图 3.4　雷达现场巡检流程图

(4)雷达标定检查调整流程如图3.5所示。

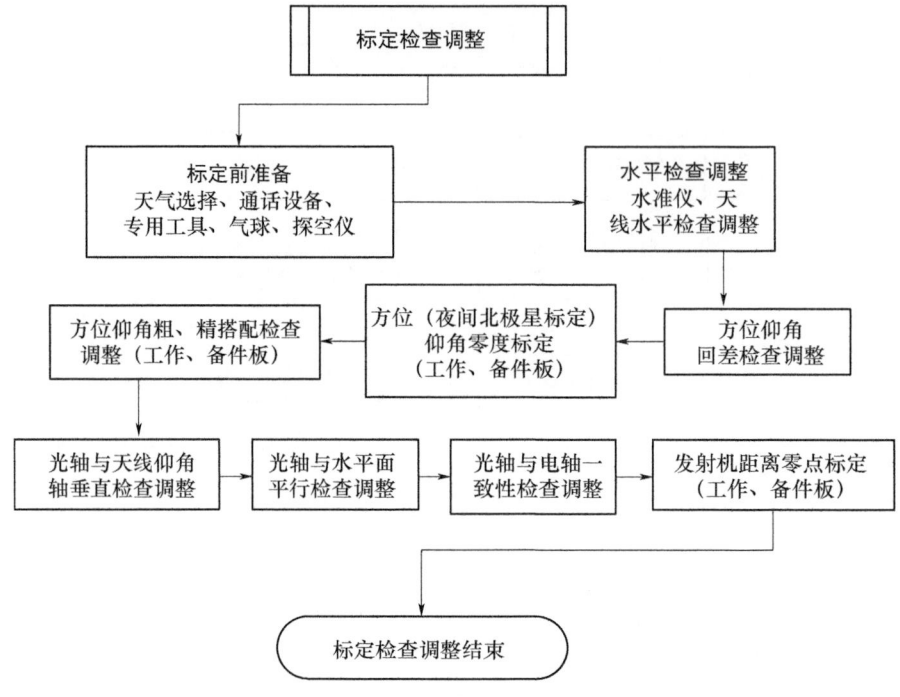

图 3.5　雷达标定检查调整流程图

(5)雷达分系统检查流程如图3.6所示。

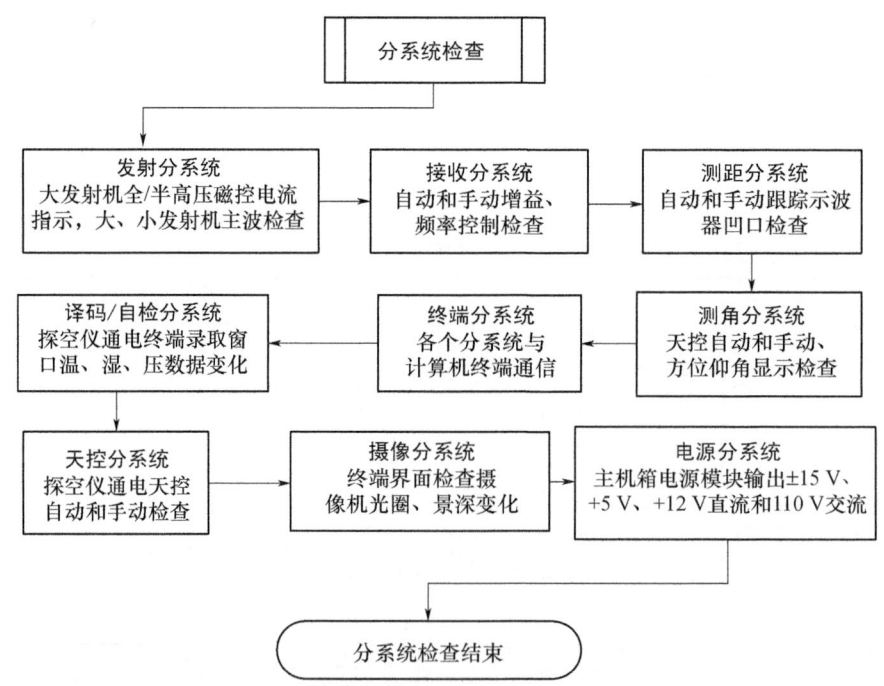

图 3.6　雷达分系统检查流程图

(6)雷达系统主要技术指标检查流程如图3.7所示。

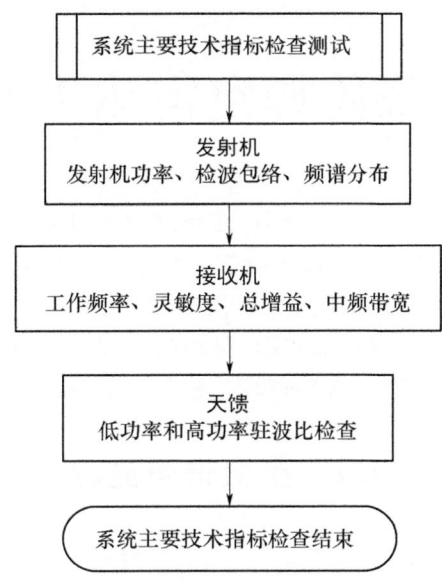

图 3.7 雷达系统主要技术指标检查流程图

(7)雷达备件检查流程如图3.8所示。

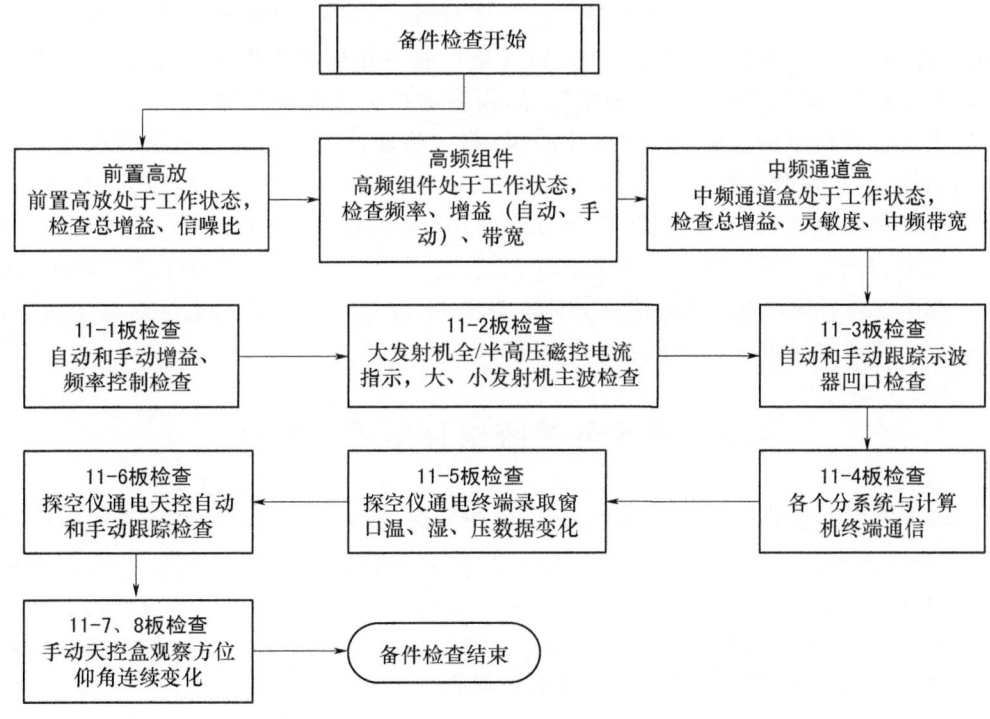

图 3.8 雷达备件检查流程图

第4章 L波段探空雷达主要信号流程

在L波段探空雷达维护维修测试过程中,维修测试人员使用仪器仪表测试故障点波形及参数,必须清楚各分系统的信号流程。L波段探空雷达分系统流程图,主要包括整机流程图、接收分系统流程图、发射分系统流程图、接收机高频组件、中频通道流程图、探空通道处理(11-1板)流程图、发射/显示(11-2板)流程图、测距(11-3板)流程图、终端(11-4板)流程图、自检/译码(11-5板)流程图、天控(11-6板)流程图、轴角转换(11-7、8板)流程图等。

4.1 整机信号流程

雷达整机框图及流程图在第2章图2.11中已经介绍过。

4.2 接收分系统信号流程图

L波段探空雷达接收分系统主要器件包括调相器、和差环、管套开关、限幅器、前置高放、WT8高频传输线、高频组件、中频通道盒、11-1板。在多年保障工作中,L波段探空雷达接收分系统故障率很高,准确定位接收分系统故障,需要对以上主要器件输入、输出波形和参数比较熟悉。雷达接收信号传输可以分为两个阶段:第一阶段,从雷达天线、前置高放输入端至高频组件输入端,雷达接收通道信号为高频信号频率$1675 \text{ MHz} \pm 2 \text{ MHz}$,增益为15 dB,信号进入高频组件混频器之前,信号频率$1675 \text{ MHz} \pm 2 \text{ MHz}$,增益为80 dB左右;第二阶段,从高频组件输出端至室内主机箱后端中频通道盒输入端,接收通道信号为$30 \text{ MHz} \pm 1 \text{ MHz}$,增益为110 dB。其中WT8高频同轴传输线外导体容易断开,导致雷达接收通道反射波增大,接收信号衰减较大。接收分系统流程图如图4.1所示。

4.3 接收分系统组件信号流程图

L波段探空雷达接收分系统中高频组件、中频通道盒两个器件和接收通道板(11-1板)组成,高频组件主要功能是将雷达接收到高频信号,进行滤波、混频、放大、本振等;中频通道盒的主要功能是将中频信号放大、信号工分两路(测角、测距)、检波(幅度);11-1板检波信号、工分信号的幅度、频率反馈到高频组件中频输入端,实现接收通道增益恒定和频率稳定。高频组件、中频通道盒、接收通道板信号流程如图4.2所示。

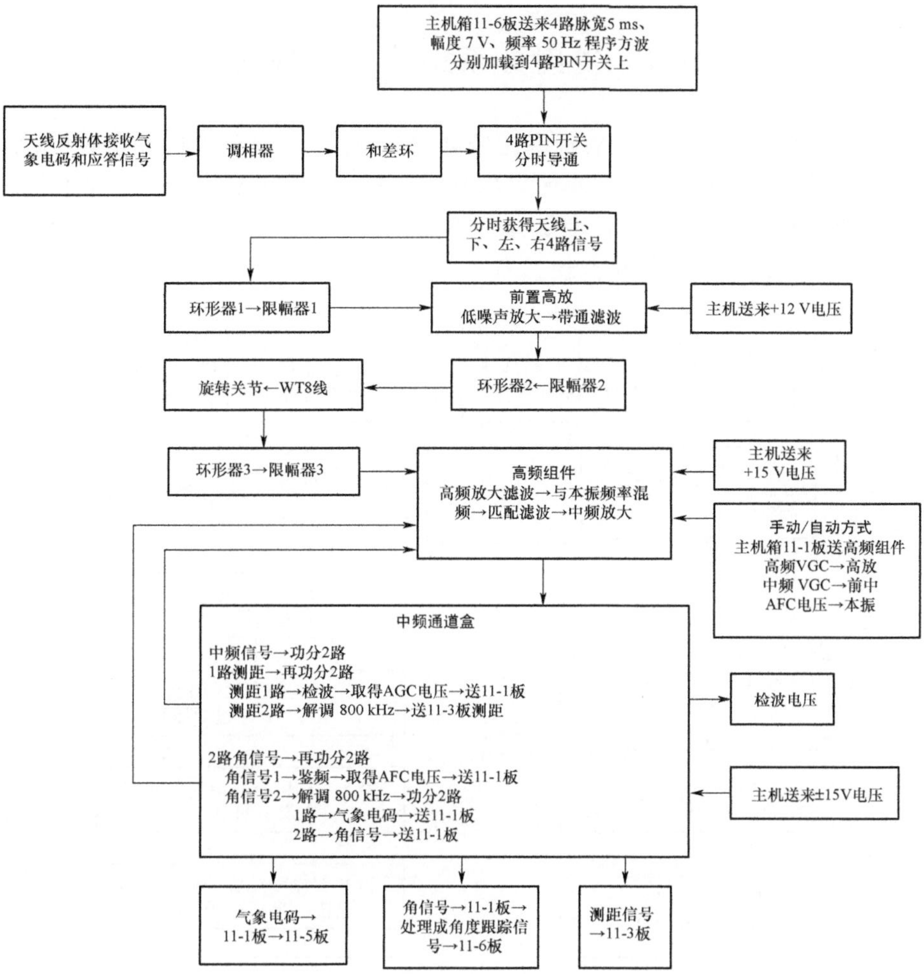

第 4 章　L 波段探空雷达主要信号流程

图 4.1　接收分系统信号流程图

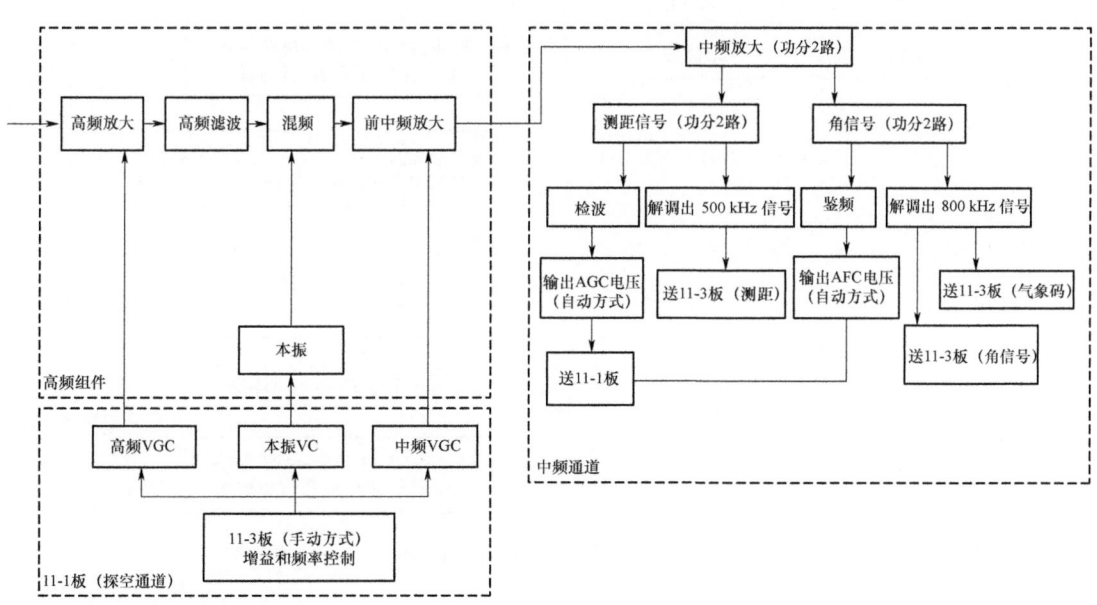

图 4.2　接收分系统组件及通道板信号流程图

4.4 发射分系统信号流程图

L 波段探空雷达发射分系统是故障率比较高的分系统,可以分为近程发射机(小)和发射机(大)。小发射机流程:11-3 板送到小发射机触发脉冲,直流 12 V 电压。大发射机流程:11-3 板送到大发射机触发脉冲(晶闸管触发脉冲)、直流整流电压(800 V)、磁控管收集端电流、磁控管振荡输出脉冲调制波形。信号流程如图 4.3 所示。

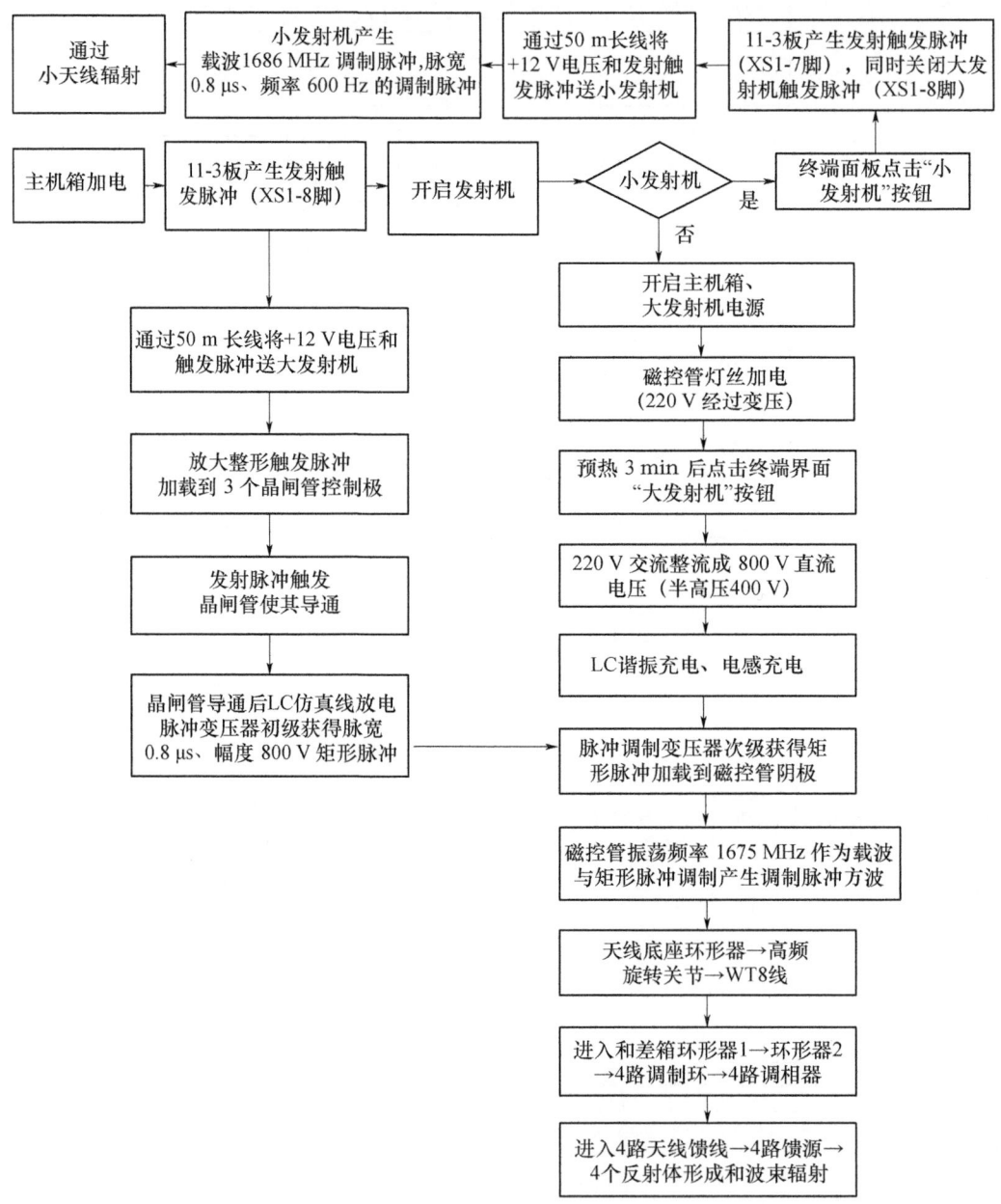

图 4.3 发射分系统信号流程图

4.5 探空通道处理(11-1板)信号流程图

主机箱11-1板主要接收来自中频通道盒输出的检波信号(主要用于接收增益恒定)、鉴频(频率恒定)以及角度信号、角度跟踪信号、气象电码,以及手动方式下通过终端界面加载的高频组件上的高频VGC、中频VGC和本振VC电压信号。利用示波器可以测量角度信号、角度跟踪信号、气象电码信号,如果波形正常,表明中频通道盒输出的信号正常,也就可以确定高频组件和中频通道盒工作正常。流程图如图4.4所示。

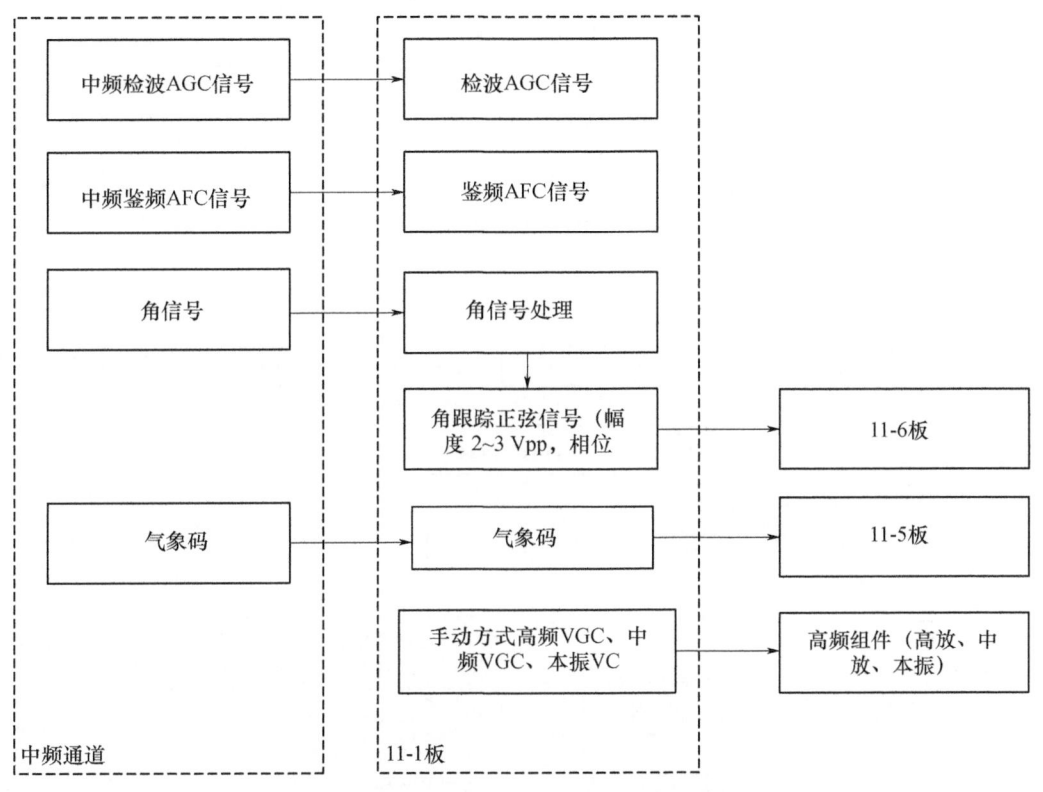

图4.4 主机箱11-1板电路信号流程图

4.6 发射/显示处理(11-2板)信号流程图

主机箱11-2板主要用来发射控制和接收测距测角显示。其中显示部分测距2 km触发和32 km触发,角度跟踪显示的阶梯波,如果这些波形不正常,则示波器角度跟踪和测距跟踪显示无法进行。流程图如图4.5所示。

4.7 测距处理(11-3板)信号流程图

11-3板用来完成测距任务,其中送到发射机的发射脉冲和距离跟踪显示的精触发和粗触发脉冲是判断发射机能否正常工作的关键波形。通过信号流程图,使用示波器可以准确测量

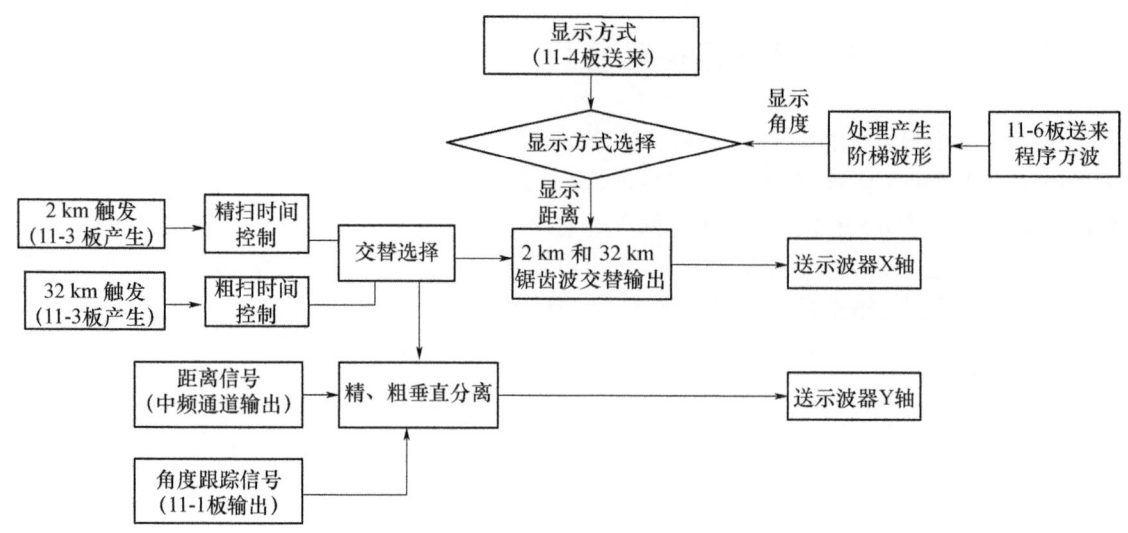

图 4.5 主机箱 11-2 板电路信号流程图

波形。11-3 板电路信号流程如图 4.6 所示。

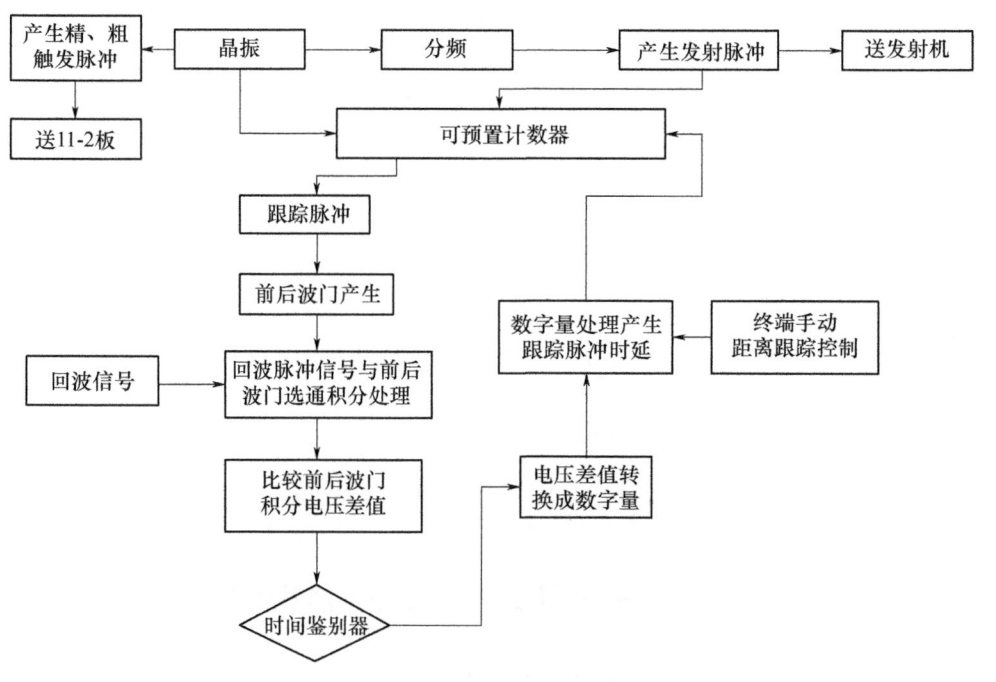

图 4.6 主机箱 11-3 板信号流程图

4.8 终端处理(11-4 板)信号流程图

11-4 板完成雷达操作和用户终端操作的接口,如果雷达的各项数据不能传输到计算机终端,或者用户不能对雷达进行操作控制,应该检查 11-4 板,检查流程见图 4.7。

第4章 L波段探空雷达主要信号流程

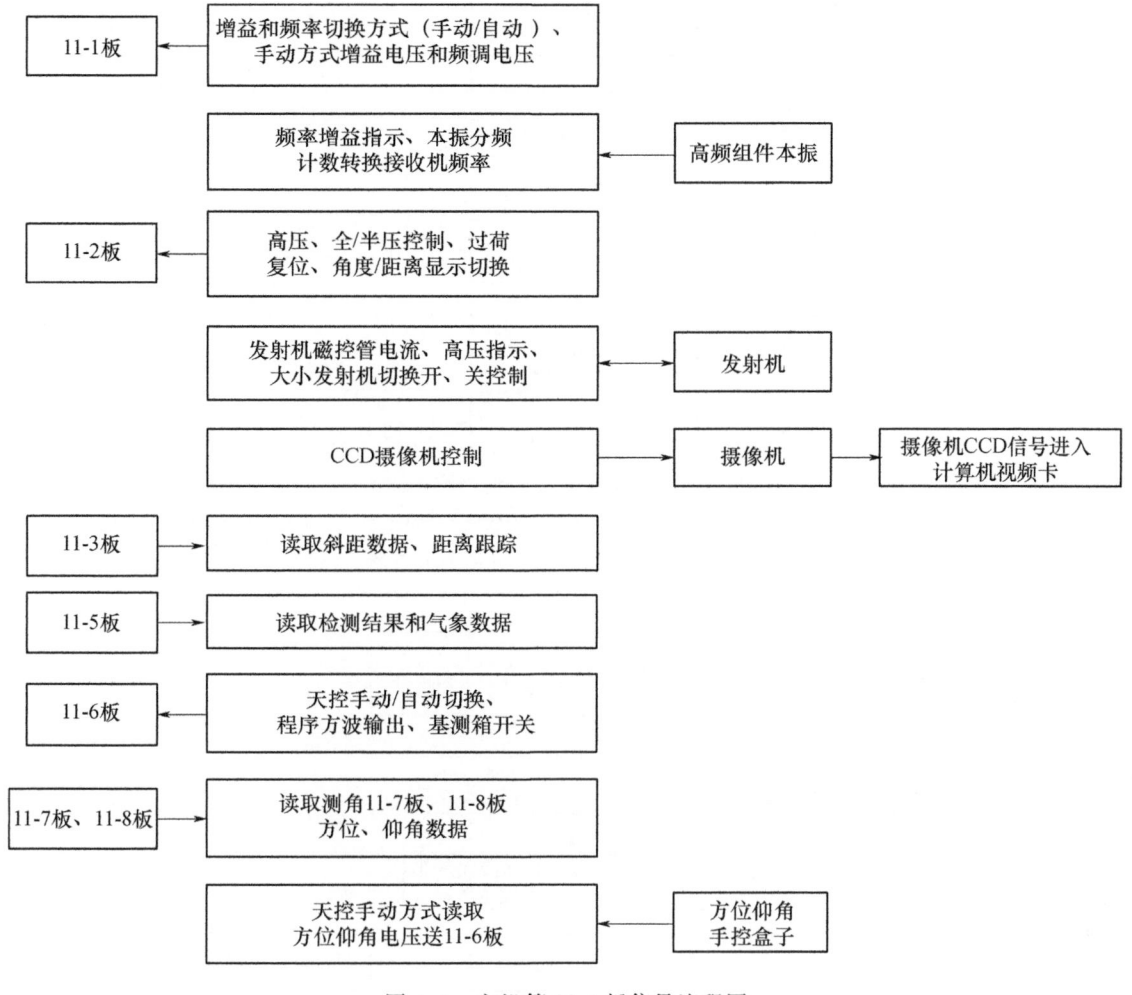

图 4.7 主机箱 11-4 板信号流程图

4.9 自检/译码处理(11-5 板)信号流程图

11-5 板分四个方面进行检查：一是发射机工作状态的监控，如果大发射机出现反峰电流、过荷电压、过压等报警现象，发射机高压关闭；二是俯仰上(90°)下限(-6°)位报警；三是程序方波、精触发、粗触发检测；四是接收从 11-2 板送来的温、湿、压三要素数据提取。使用万用表可以检查工作状态。11-5 板的信号流程如图 4.8 所示。

4.10 天控处理(11-6 板)信号流程图

11-6 板是雷达实现角度跟踪的关键电路。一是产生程序方波，如果 4 路程序方波幅度不够或者没有输出，都将影响雷达角度跟踪，使用示波器可以测量角度跟踪波形。11-1 板送来角度跟踪信号、角度差信号转换成数字信号驱动电机转动。11-6 板信号流程如图 4.9 所示。

45

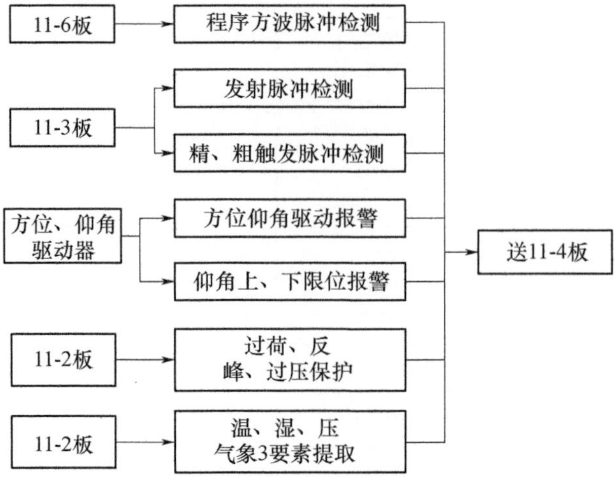

11-6板
程序方波脉冲检测
发射脉冲检测
11-3板
精、粗触发脉冲检测
方位、仰角
驱动器
方位仰角驱动报警
仰角上、下限位报警
送11-4板
11-2板
过荷、反
峰、过压保护
11-2板
温、湿、压
气象3要素提取

图 4.8　主机箱 11-5 板信号流程图

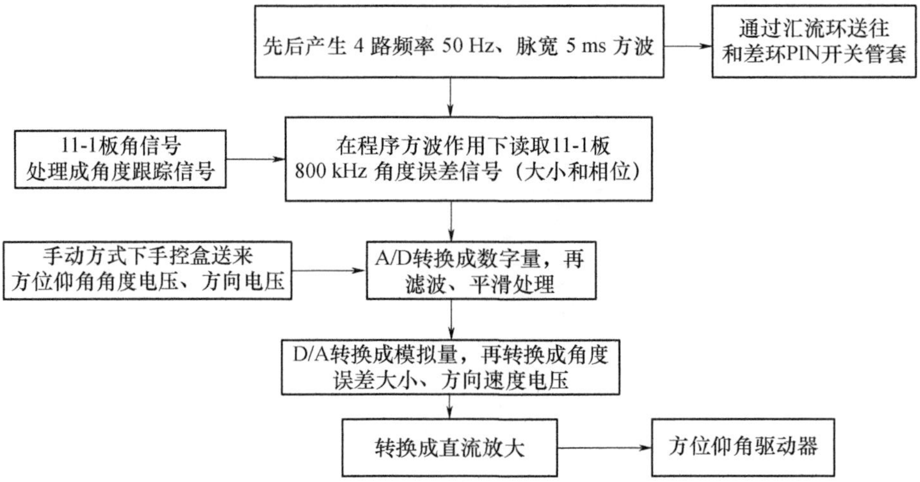

先后产生 4 路频率 50 Hz、脉宽 5 ms 方波
通过汇流环送往
和差环PIN开关管套
11-1板角信号
处理成角度跟踪信号
在程序方波作用下读取11-1板
800 kHz 角度误差信号（大小和相位）
手动方式下手控盒送来
方位仰角角度电压、方向电压
A/D转换成数字量，再
滤波、平滑处理
D/A转换成模拟量，再转换成角度
误差大小、方向速度电压
转换成直流放大
方位仰角驱动器

图 4.9　主机箱 11-6 板信号流程图

4.11　轴角转换处理(11-7 板、11-8 板)信号流程图

雷达俯仰和方位同步机实时读取当前雷达俯仰、方位角度位置(模拟正弦波)，发送到 11-7 板(俯仰)、11-8 板(方位)上，通过轴角转换成数字信号，再送计算机终端界面。使用示波器测量 11-7 板、11-8 板上模拟信号，来判断同步机送来的信号。11-7 板、11-8 板信号流程如图 4.10 所示。

角位置电压转
换二进制码
方位仰角粗、精
自整角机输出三相电压
锁存后
转换成十进制
粗精搭配、零
点标定处理
11-4板

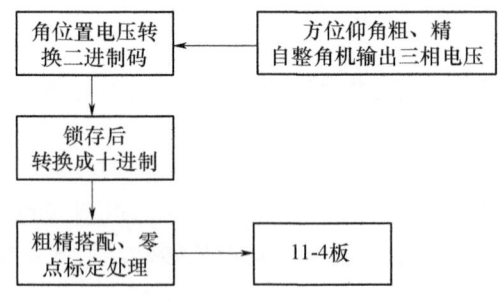

图 4.10　主机箱 11-7 板、11-8 板信号流程图

第5章 L波段探空雷达分系统模块、板块测试方法

根据雷达工作原理和第4章雷达分系统信号流程,结合各个雷达模块、器件的物理特性,使用仪器仪表完成各项测试技术。主要包括天馈系统测试方法、发射系统测试方法、接收系统测试方法、主机箱8块电路板测试方法、发射机整机技术指标测试方法、接收机整机技术指标测试方法、伺服系统技术指标测试方法。

5.1 天馈分系统测试

L波段雷达天馈系统主要包括两组抛物面天线、天线馈线、调制环、调相器、环形器、限幅器、PIN开关导通电压、高频传输线(WT8线和高频旋转关节)。

5.1.1 每组(上下、左右)天线馈线(抛物面接入端到和差环接入端之间高频馈线)

(1)天线馈线作用

L波段探空雷达天线馈线包括小组(共2组,1组上、下,1组左、右)天线馈线源、调相器和调制环。天线馈线的特性阻抗为50 Ω,与天线输入阻抗是相匹配的,一般情况下不会发生阻抗不匹配现象,其中天线馈源线物理长度不会发生改变,但有可能馈源段进入雨水等改变天线输入阻抗,通过检查天线馈源线的接头可以消除阻抗不匹配现象。小组调相器是4个长度可变的特性阻抗为50 Ω的硬同轴线,用来调整小组馈线的电长度,使得各小组与调制环连接线的电长度相等,以保证调制环按一定的相位和幅度关系对各天线小组馈电。通过调整调相器的长度来调整相位,实际上就是在改变天线馈送给每组天线的高频电流相互间的相位关系,因此也就可以用来调整天线波瓣图的方向,而天线波瓣图的方向就是电轴在空间的方向。在调整过程中,一定要保证阻抗的连续性,如果阻抗不连续,则表明馈线的行波系数变小,反射波增大。当信号变得比较弱时,由于反射波较大,接收信号几乎没有,不能取得角误差信号。具体检查办法是使用网络分析仪测试每个小组馈线的行波系数,正常情况下行波系数应该大于75%。

(2)主要测试参数及方法

① 馈线驻波比

雷达天线馈线系统中,如果终端负载上存在阻抗不匹配的情况,将会产生与入射波频率相同而传播方向相反的反射波,它和入射波叠加后将使得馈线分系统上出现一些幅度最小(波谷)与幅度最大(波峰)的点。馈线电压驻波比称为驻波系数。馈线驻波比的大小反映了馈线的阻抗匹配程度,驻波比越接近1,说明射频信号在馈线中的传输也就接近于行波,阻抗匹配情况越好。假如被测系统的入射功率为 P_i,反射功率为 P_r,则被测系统的反射系数见式(5.1),被测系统的电压驻波比见式(5.2)。

$$|\varGamma|=\rho=\sqrt{\frac{P_r}{P_i}} \tag{5.1}$$

$$VSWR = \frac{1+|\Gamma|}{1-|\Gamma|} = \frac{1+\rho}{1-\rho} \tag{5.2}$$

式中，VSWR 为电压驻波比；Γ 为反射系数；ρ 为反射系数的幅度(反射系数的模值)。

馈线电压驻波比分为低功率驻波比和高功率驻波比。低功率驻波比测试时在雷达发射机不工作情况下进行，对于 L 波段雷达天馈线(反射体到和差环之间的馈线)使用低功率驻波比测试方法比较合理，通过低功率驻波比测试可以发现天线馈线系统的一些脱焊、开路(不通)或者短路等故障。测试方法有几种，如采用射频分析仪和网络分析仪进行测试。使用网络分析仪，仪器仪表按照图 5.1 所示连接好后，测量方法步骤如下。

- 校准测量线缆，打开射频分析仪电源，将线缆的一段连接到射频分仪"RF OUT"端，输入中心频率、起始和终止频率，一般中心频率为 1675 MHz，起始和终止频率比中心频率偏差 5 MHz。
- 在射频仪面板上，按键 Measure，选择 VSWR。
- 进入面板，按 Cal→开始校准→QuickCal→完成。
- 将环形器按照图 5.1 左侧的连接方法连接好，按 Measure→VSWR。
- 进入面板，按 Mkr/Tools→游标(中心频率)，显示如图 5.2 所示。

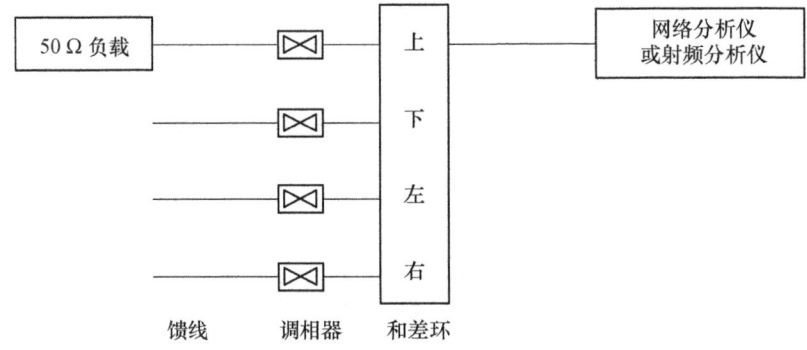

图 5.1　测试天线馈线驻波比示意图

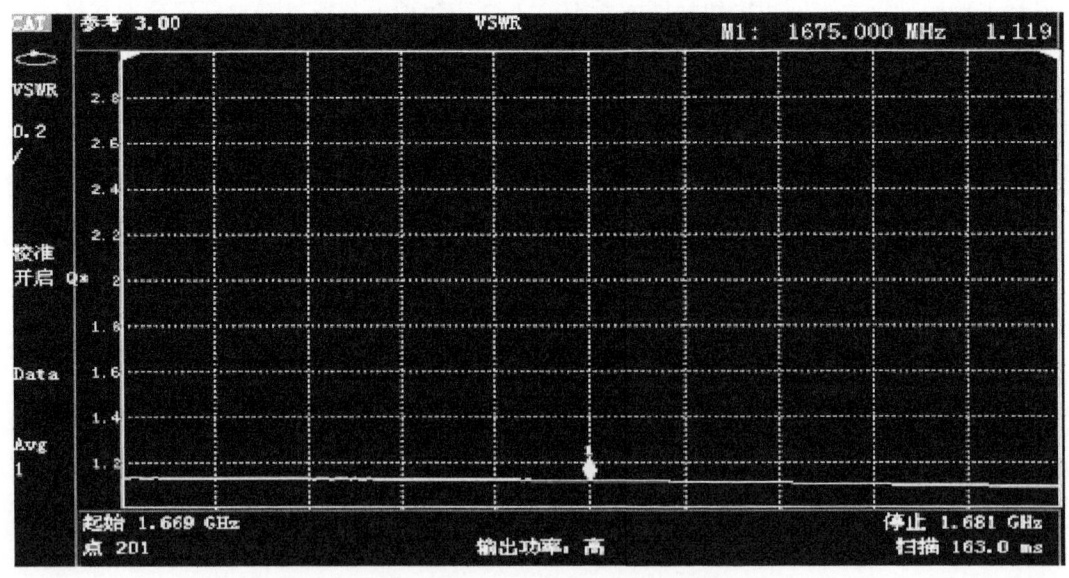

图 5.2　射频分析仪测试驻波比图

② 馈线插入损耗

馈线插入损耗又称馈线损耗,是指馈线对发射和接收信号的损耗。天线馈源出口至接收机入口的损耗称为接收插入损耗;发射机输出端至天线馈源入口的损耗称为发射插入损耗。测试方法有几种,采用射频分析仪和网络分析仪进行测试。仪表连接图如图 5.1 所示,测量方法步骤如下。

- 进入面板,按 Freq/Dist→输入中心频率、起始频率和终止频率。
- 进入面板,按 Measure→插入损耗(2-端口)。
- 将连接线缆一端接入射频分析仪 RF OUT 端,另一端接入 RF IN 端。
- 进入面板,按 Cal→开始校准→Thru→测量。
- 拆卸线缆,将线缆一端与"和差环"一端相连,一端与射频分析仪"RF OUT"端相连。另外一条线缆的一端与"天线馈线"一端相连,另外一端与射频分析仪"RF IN"端相连。
- 进入面板,选择"插入损耗(2-端口)"。
- 进入面板,按 Mkr/Tools→游标,观察中心频率的插入损耗值,输出图如图 5.3 所示。

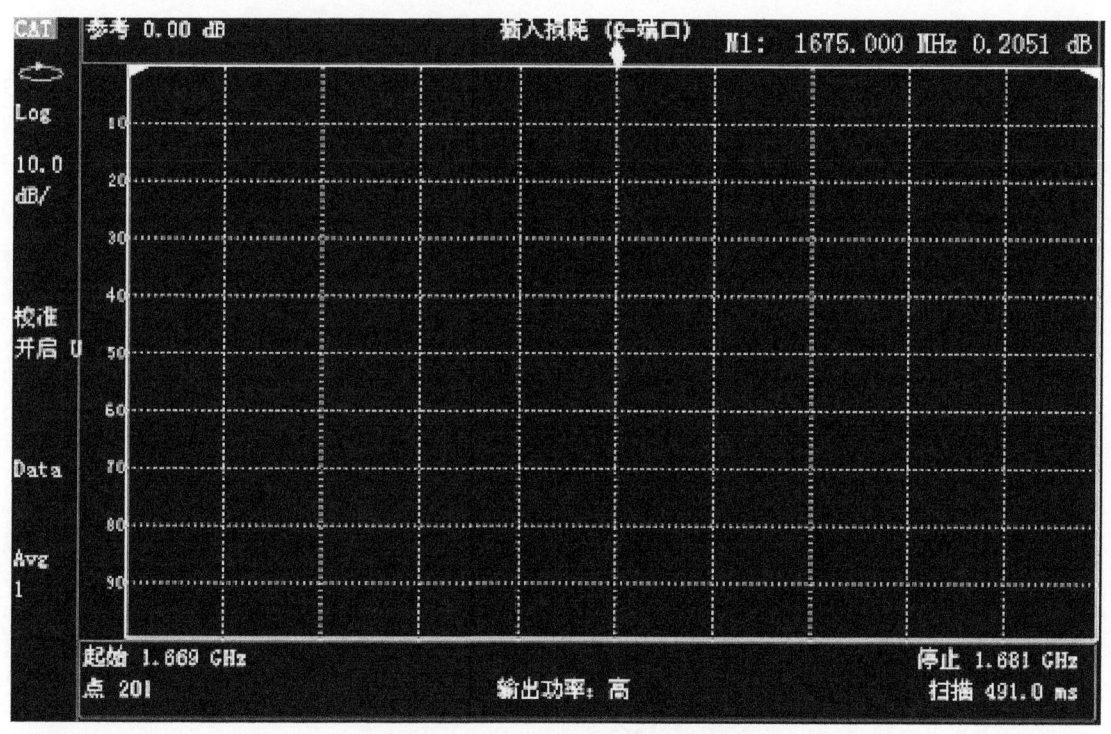

图 5.3　射频分析仪测试插入损耗图

5.1.2　和差环

和差环是 L 波段探空雷达实现假单脉冲体制的关键部件,其物理结构内置在和差箱中调相器下面一个长方形的方形盒子,正反面各呈现一个"日"字形的凹槽。它将上、下(或左、右)天线的信号同时相加或相减,可以得到和信号 E_Σ、差信号 E_Δ,如图 5.4 所示,从图中可以看出,来自天线的信号在 C 点相加(相位相同)得 $E_\Sigma=E_1+E_2$,在 D 点相减(相位相差 180°)得 $E_\Delta=E_1-E_2$,而 E 点信号相位相反,故得 $-E_\Delta=E_2-E_1$。

通过频率 50 Hz 四路分时、方波脉宽为 5 ms 程序,将差信号按一定的时序调制到和信号上,如图 5.4 所示。当程序方波不加时,二极管 V_1、V_2 截止形成 $\lambda/4$ 开路线,F、G 两点相当于对地短路,差信号 $\pm E_\Delta$ 均不能加到 H 点,K 点输出的就为和信号;而当程序方波加到 V_1 上时,V_1 导通,形成 $\lambda/4$ 短路线,F 点相当于对地开路,于是 $+E_\Delta$ 差信号就经 F、H 点加到 K 点,则得到 $E_\Sigma + E_\Delta$;同理,当 V_2 加上程序方波时,K 点就得到 $E_\Sigma - E_\Delta$。

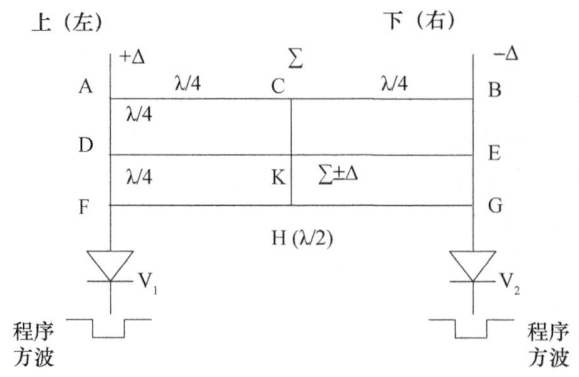

图 5.4 和差调制环结构图

由天线波束方向性函数(图 5.5)可以分析,假定两个波束的方向性函数完全相同,设为 $F(\theta)$,两波束接收到信号的电压振幅为 E_1,E_2,设两个波束对天线轴线的偏角为 δ,则对于偏离天线轴线 θ 角方向的目标,其和信号振幅可用表达式(5.3)表示:

$$E_\Sigma = |E_\Sigma| = E_1 + E_2 = AF_\Sigma(\theta)(F(\delta-\theta) + F(\delta+\theta)) = AF_\Sigma^2(\theta) \tag{5.3}$$

式中,$F_\Sigma(\theta)$ 为发射和波束方向性函数,而 $F(\delta-\theta) + F(\delta+\theta)$ 为接收和波束方向性函数,它与发射和波束方向性函数完全相同;A 为比例系数,它与雷达参数、目标距离和特性有关。

差信号的振幅与方向 θ 关系式为:

$$E_\Delta = |E_\Delta| = |E_1 - E_2| = AF_\Sigma(\theta)(F(\delta-\theta) - F(\delta+\theta)) = AF_\Sigma(\theta)F_\Delta(\theta) \tag{5.4}$$

式中,$F_\Delta(\theta) = F(\delta-\theta) - F(\delta+\theta)$,为接收方向原来两个方向性函数之差,即差波束。假定目标的误差角为 ε,可以推出表达式:

$$|E_\Delta| = AF_\Sigma(\theta)F_\Delta(\theta) \approx AF_\Sigma^2(\varepsilon)\varepsilon \tag{5.5}$$

另外,E_Δ 相位则与 E_1 和 E_2 大者相同,当目标偏向天线波束 1 一侧时,$E_1 > E_2$,此时 E_Δ 与 E_1 同相,反之,当目标偏向波束 2 一侧时,$E_2 > E_1$,此时 E_Δ 与 E_2 同相。

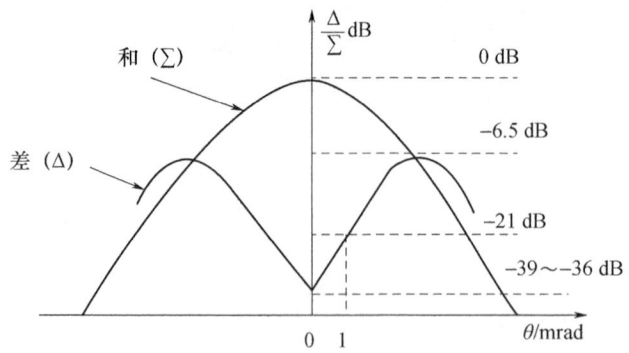

图 5.5 天线和波束和差波束方向性函数图

由表达式(5.5)可以确定,E_Δ 差信号的振幅大小表明了误差角 ε 的大小,差信号的相位则表明了目标偏离天线轴线的方向。由表达式(5.3)可以确定,E_Σ 和信号相位与目标偏向无关,因此和信号作为相位基准,用它与差信号 E_Δ 的相位进行比较,就可以鉴别出目标偏离天线轴线的方向。

和差调制环在接收信号时通过程序方波控制 PIN 开关把差信号调制到和信号上,通过天线和波束和差波束获得上、下和左、右两组天线的电压振幅差,而天线电压振幅差与角度差和方向存在固定关系。

和差调制环在发射信号时,PIN 关闭,天线发射和波束。

5.1.3 和差箱 4 个 PIN 开关

主机 11-6 板产生的脉宽为 5 ms、正电平为 5 V、副电平为 2 V、频率为 50 Hz 的程序方波,分时加载到 4 路 PIN 开关上。

(1)PIN 开关作用

分时导通取得天线上、下和左、右的差信号,并将和信号调制到差信号上。

(2)主要参数及测试方法

方法一:直接使用示波器探头测量 PIN 开关波形;方法二:使用万用表的电压挡测量 VK105 对地电压,正常情况下大于 3 V。一般情况下使用万用表测量 VK105 对地电压和导通电阻(应有数百欧姆阻值),注意在测量电阻时应将开关管套卸下,依次测量 4 个 VK105 二极管。

① VK105 对地电压

在雷达主机箱加电情况下(加载程序方波),使用万用表的电压挡(直流电压 10 V 挡),测量 VK105 对地电压,正常情况下为 3.5 V 左右。

② VK105 导通电阻

在雷达主机箱电源关闭情况下(不加载程序方波),将 VK105 二极管从开关管套上卸下,将万用表打到电阻挡上,测量二极管两端的电阻,正常值应该为数百欧姆。

5.1.4 环形器

(1)主要作用

L 波段探空雷达环形器有 3 个,其中 2 个在和差箱中,1 个天线底座箱中。环形器是一种单方向传输的三端口微波器件,高频信号只能按照规定的方向传输,反方向则是被隔离的。在 L 波段探空雷达中的作用就是将发射信号和接收信号隔离开来。

(2)主要参数及测试方法

主要技术参数:隔离度:≥22 dB,驻波比≤1.1。测试连接图如图 5.6 所示。

① 隔离度测试

在连接之前测量环形器与仪表连接线的插入损耗,按照图 5.6 中左边的连接示意图连接好环形器和仪表。测量步骤如下:

a)将信号源连接到信号输入端口,信号输出端口必须接一个 50 Ω 的负载,隔离端口接频谱仪;

b)开启信号源电源开关,将频率设置为 1675 MHz,幅度为 −10 dBm 的正弦波形接入;

c)打开频谱仪电源,将频率设置为 1675 MHz,显示分辨率 Span 设置为 100 MHz,分析带宽 VBW 设置为 1 MHz,观察输出频谱功率;

d)根据信号源输出的功率和频谱仪输出的功率计算隔离度(去除线缆损耗)。和差箱和天线底座的环形器耦合度正常均≥22 dB;

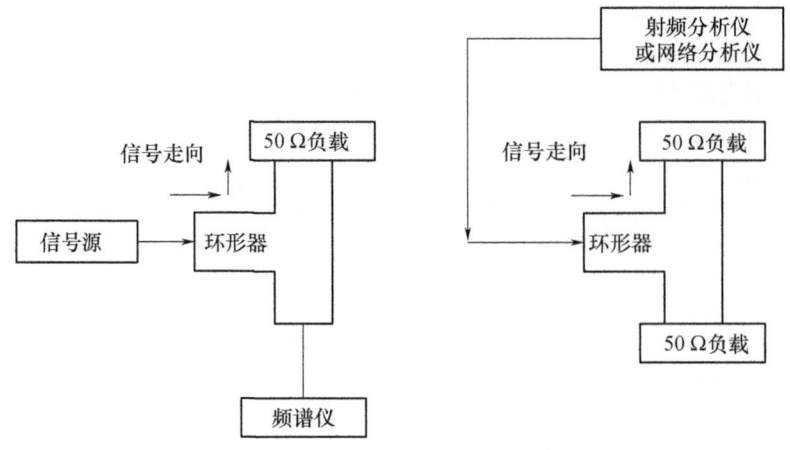

图 5.6　三端口环形器隔离度和驻波比测试连接图

e)将信号源、频谱仪和 50 Ω 负载卸下,测试另外一段隔离度,测试方法与 a)~d)相同。

② 驻波比

在连接之前测量环形器与仪表连接线的插入损耗,按照图 5.6 中右边的连接示意图连接好环形器和仪表。测量步骤如下:

a)校准测量线缆,打开射频分析仪电源,将线缆的一段连接到射频分仪"RF OUT"端,输入中心频率、起始和终止频率,一般中心频率为 1675 MHz,起始和终止频率比中心频率偏差 5 MHz;

b)在射频仪面板上,按键 Measure,选择 VSWR;

c)进入面板,按 Cal→开始校准→QuickCal→完成;

d)将环形器按照图 5.6 左面的连接方法连接好,按 Measure→VSWR。

e)进入面板,按 Mkr/Tools→游标(中心频率)。

5.1.5　限幅器

(1)主要作用

限幅器是一种在较强功率信号输入时,输出被限定在一定电平以下的微波器件。L 波段雷达使用的三端口环形器的技术指标隔离度的作用是有一定限度的,为了有效确保接收机安全,将三端环形器漏功过来的信号进一步衰减,使得输出信号始终限定在一定电平范围内。限幅器分有源和无源器件,L 波段雷达使用的是无源器件。通常限幅器与环形器配合使用,起到收发开关、保护接收机的作用。

(2)主要参数及测试方法

其电参数为:频率范围 2~18 GHz,承受功率 4 W(连续波),限幅电平≤13 dBm(连续波),插入损耗为 2.5 dB 以下,驻波系数为≤1.2,输入、输出端为 50 Ω 绝缘子。测试步骤如下:

① 按照图 5.7 所示连接好,打开信号源电源,设置频率为 1675 MHz,开始幅度设置为 −60 dBm。

② 打开频谱仪电源,将频率设置为 1675 MHz,显示分辨率 Span 设置为 100 MHz,分析带宽 VBW 设置为 1 MHz,观察输出频谱功率。

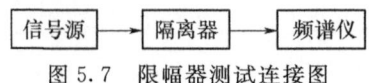

图 5.7　限幅器测试连接图

③ 逐渐增大信号源幅度,观察频谱仪输出功率的变化,当信号源的输出幅度增大到一定值后,频谱仪输出功率没有变化时,表明频谱仪输出的功率为限幅器限幅电平(单位转换成mW)。在实际测量中,当信号源信号幅度大于 14 dBm(测量时线损 1 dB),频谱仪显示功率始终为 14 dBm,不再变化。

5.1.6 天线馈线接收信号(天线反射体与和差环之间连接)

(1)主要作用

当雷达天线接收到探空仪信号后首先通过 2 组(上下、左右)天线反射体进入天线馈线,再经过调相器(上下、左右)、和差环(上下、左右)、开关管套(上下、左右),在加载到开关管套上的程序方波(11-6 板提供)的作用下,同一时刻只有(上、下、左、右)1 路信号进入环形器、限幅器,再进入前置高放的输入端。主要作用分别分时接收 4 路中的其中 1 路信号。当天线对准有源目标物时,如果天线馈线、调相器、和差环工作正常,则输出天线频谱波形。通过输出的频谱波形可以初步判定天线反射体、馈源、馈线、调相器、和差环的工作状态。也可以直接接入前置高放的输入端,进一步判定 PIN 开关、环形器和限幅器工作状态。

(2)主要参数及测试方法

主要参数测试某 1 路天线接收信号频谱(接收电平)和波形,测试连接图如图 5.8 所示。正常情况下输出信号幅度 $-39 \sim -36$ dBm,频谱波形如图 5.9 所示。

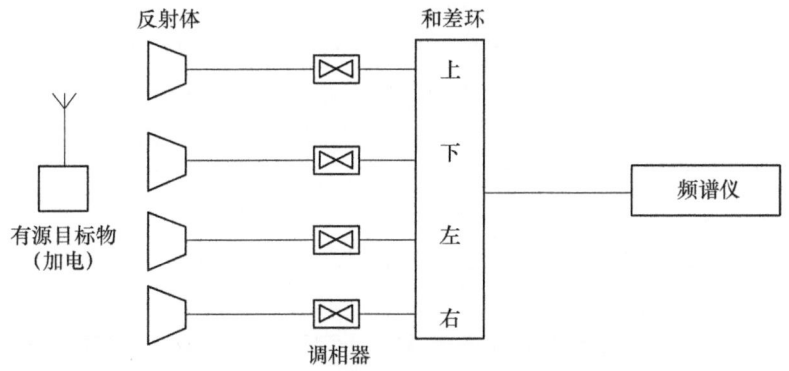

图 5.8 天线馈线接收信号测试连接图

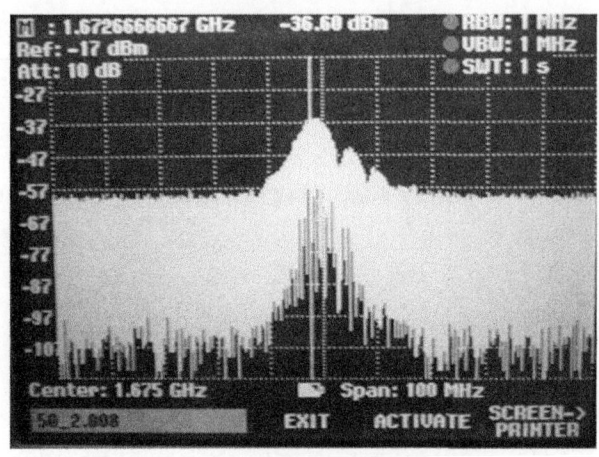

图 5.9 天线馈线和差环输出频谱图

天线馈线接收信号测试步骤：
① 打开雷达并使之处于正常工作状态,用手动方式将雷达天线对准有源目标物。
② 开启有源目标物电源,将雷达天控置于自动状态,通过摄像机观察到有源目标物基本在中心位置,之后将雷达天控置于手动状态。
③ 关闭雷达主机箱电源,按照如图 5.8 所示连接好频谱仪。如果频谱仪连接到前置高放的输入端,则必须给前置高放加载＋12 V 直流电源,使得前置高放处于工作状态。
④ 打开频谱仪电源,将频率设置为 1675 MHz,显示分辨率 Span 设置为 100 MHz,分析带宽 VBW 设置为 1 MHz。
⑤ 根据频谱仪输出波形观察每一路天线馈线工作状态。

5.1.7　高频传输线(同轴微波线缆)

L 波段探空雷达高频传输线主要是指和差箱入口与高频旋转关节输出口之间的线缆,即 WT8 线。

(1)主要作用

WT8 线与高频旋转关节主要传输发射机信号和接收机信号,如果 WT8 线与高频旋转关节连接之间存在漏功或开路(或短路)等现象,通过测量驻波比和插入损耗就可以确定线缆连接好坏。

高频旋转关节用来连接旋转部分和固定部分的传输线,使得天线装置的主轴能在 360°的方位上任意旋转。L 波段雷达高频旋转关节在天线底座最下面的位置。

高频传输线是和差箱与天线转轴之间的高频连接线,将前置高放输出的高频信号经过高频传输线,再经过高频旋转关节输入到高频组件中。如果高频传输线的主波系数或者插入损耗过大,将衰减高频组件输入信号的功率,直接影响雷达的探测距离。

(2)主要参数及测试方法

主要参数为驻波比和插入损耗,测试连接图如图 5.10 所示。

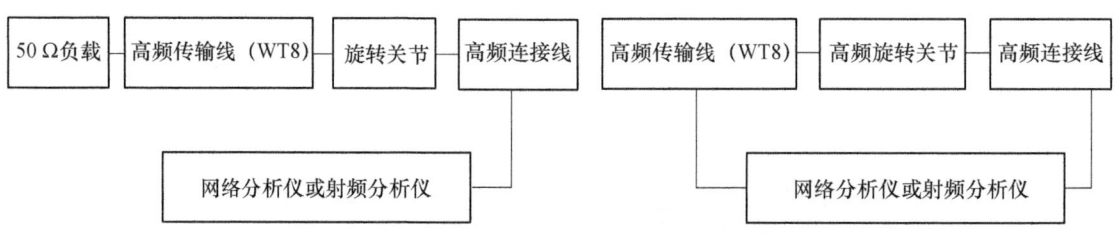

图 5.10　测试高频传输线(WT8 及高频旋转关节)驻波比和差损示意图

① 驻波比

a)校准测量线缆,打开射频分析仪电源,将线缆的一端连接到射频分仪"RF OUT"端,输入中心频率、起始和终止频率,一般中心频率为 1675 MHz,起始和终止频率比中心频率偏差 5 MHz。

b)在射频仪面板上,按键 Measure,选择 VSWR。

c)进入面板,按 Cal→开始校准→QuickCal→完成。

d)将天馈线按照图 5.10 左边图示连接方法连接好,按 Measure→VSWR。

e)进入面板,按 Mkr/Tools→游标(中心频率)。测得驻波比如图 5.11 所示。

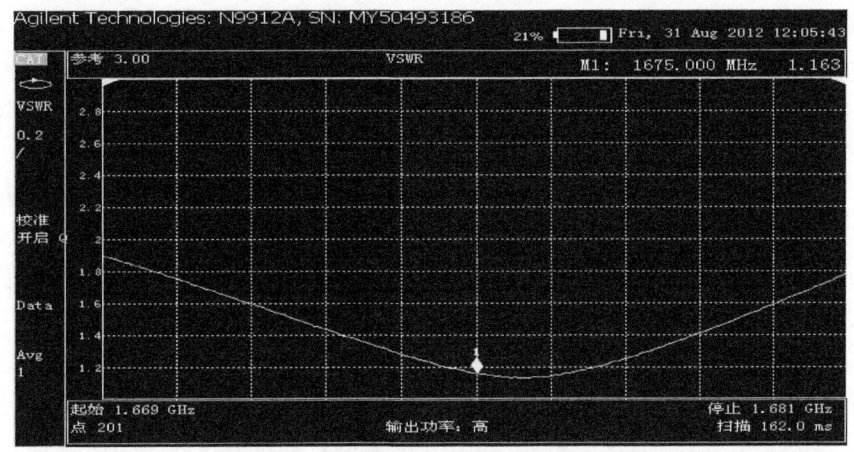

图 5.11　WT8 到高频旋转关节驻波比图

② 插入损耗

a)进入面板,按 Freq/Dist→输入中心频率、起始频率和终止频率。

b)进入面板,按 Measure→插入损耗(2-端口)。

c)将连接线缆一端接入射频分析仪 RF OUT 端,另一端接入 RF IN 端。

d)进入面板,按 Cal→开始校准→Thru→测量。

e)拆卸线缆,将线缆一端与"和差环"一端相连,一端与射频分析仪"RF OUT"端相连。另外一条线缆的一端与"天线馈线"一端相连,另外一端与射频分析仪"RF IN"端相连。

f)进入面板,选择"插入损耗(2-端口)"。

g)进入面板,按 Mkr/Tools→游标,观察中心频率的插入损耗值。

5.1.8　高功率驻波比(发射机处于工作状态)

(1)高功率驻波比

高功率驻波比是指在天线馈线系统在大功率情况下测得的驻波比。在发射机发射高功率脉冲信号时进行测量,通过对馈线高功率驻波比的测量,可以发现一些只有在高功率情况下出现的一些故障现象,如高功率击穿、高频打火等故障。

测量高功率驻波比常用的测量方法主要有测量线法和定向耦合器测量法。采用定向耦合器测量方法完成本次测量。测量连接图如图 5.12 所示。

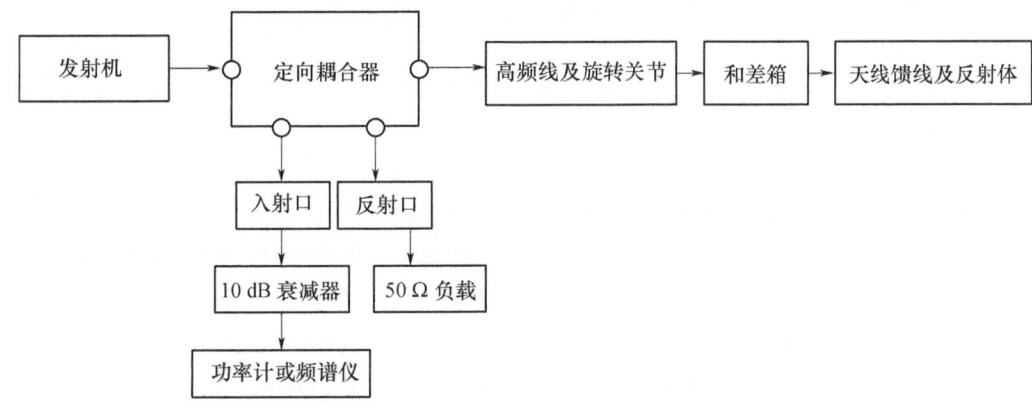

图 5.12　高功率测量天馈驻波比连接图

(2)测量方法和步骤

① 按照图 5.12 所示连接设备。仪表:功率计(或频谱仪);附件:定向耦合器(同轴电缆,当前测试使用耦合器的耦合度 50 dB)。L 波段雷达发射功率为 15 kW(71.76 dBm),在接入功率计或频谱仪时需要接入一个 10 dB 的衰减器。

② 打开雷达发射机,确保雷达发射功率输出,分别用功率计测量入射口端的功率 P_i 和反射口端的功率 P_r,然后再根据表达式(5.1)和式(5.2)可以求得电压驻波比 VSWR。

③ 在雷达终端打开主机发射机电源,预热 3 min 后,打开终端"半高压/发射机"。

④ 本次测试使用频谱仪,将频谱仪接入耦合器入射口,频谱仪设频率 1675 MHz,Span 设置为 100 MHz,BW 设置为 1 MHz。

⑤ 在频谱仪设置 Marker 按键,选择 Peak 找到频谱的最大点,读取发射功率,本次测试读取数据为 P_i=7.29 dBm(频谱仪实测)+50 dB(定向耦合器耦合度)+1 dB(线损)+10 dB(衰减器)=68.29 dBm=6745.28 W。

⑥ 将频谱仪接入耦合器反射口,频谱仪设频率 1675 MHz,Span 设置为 100 MHz,BW 设置为 1 MHz。

⑦ 在终端关闭发射机,将入射口和反射口两端所接设备对调。

⑧ 在终端开启发射机,在频谱仪设置 Marker 按键,选择 Peak 找到频谱的最大点,读取反射功率,本次测试读取数据为 P_r=−15 dBm(频谱仪实测)+50 dB(定向耦合器耦合度)+1 dB(线损)+10 dB(衰减器)=46 dBm=39 W。

⑨ 将测得的 P_i 和 P_r 值,利用式(5.1)计算出反射系数,利用式(5.2)计算出高功率工作状态的雷达天线的驻波比 VSWR,本次实际测得驻波比 VSWR=1.1635。

5.2 发射分系统测试

5.2.1 晶闸管测试

(1)晶闸管作用

晶闸管是一种四层结构的大功率半导体器件,它同时又被称为可控硅整流器或可控硅元件。它有三个引脚,即阳极(A)、阴极(K)和门极(加控制脉冲),晶闸管具有硅整流器件的特性,能在高电压、大电流条件下工作,且其工作过程可以控制。L 波段探空雷达使用的晶闸管为三极导通控制类型,结构图如图 5.13 所示。

(2)主要参数测试方法

在实际测量过程中,必须将晶闸管的三个连接脚用电烙铁焊卸下来,否则测量不准确。

① 晶闸管的阴极(小头)与门极(加发射脉冲)之间的电阻约为 50 Ω,使用普通的万用表可以直接测量(注意:在实际测量中应将晶闸管的管脚中的一个管脚用电烙铁焊卸下来,否则测量值不准确。)。

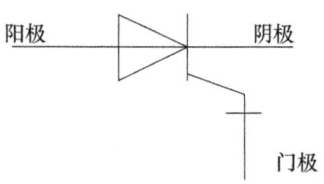

图 5.13 发射机晶闸管示意图

② 晶闸管的阴极与阳极之间的电阻为无穷大。

通过步骤①②测试后参数正确则表明晶闸管工作正常。L 波段雷达发射机晶闸管实物图如图 5.14 所示。

图 5.14 发射机晶闸管实物图

5.2.2 发射机触发脉冲测试

(1) 触发脉冲作用

L 波段雷达是二次雷达,利用探空气球携带的收发器,当雷达在地面向它发出"询问信号",回答器就对应地发回"回答信号","询问信号"即为发射脉冲。发射脉冲是由测距系统(11-3 板)产生的,测距系统中通过计数器来计算当前探空仪与雷达的距离。计数器在发射脉冲的起始时(即发射脉冲的前沿)开始计数,在目标回波的到来时停止计数,所以当测距系统的发射系统加载发射脉冲的时候,同时计数器开始计数。主机 11-3 板产生的发射触发脉冲和主机箱电源产生+12 V 电压经过 50 m 线缆送到天线座,经过长距离后信号衰减,需要整形和放大后再加载到晶闸管的控制极。

(2) 主要参数和波形测试方法

① 主机直接送来的+12 V 电压。使用万用表测试 XS3 头的脚 1 端,测试点如图 5.15 所示。在测试的时候,打开主机箱电源,关闭发射机电源,再打开雷达天线底座发射机盖子。实际测得+12.1 V。

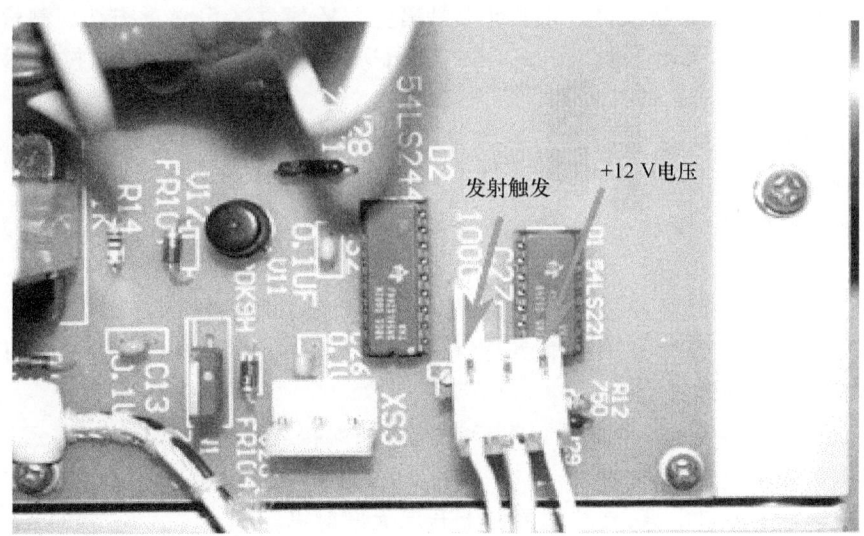

图 5.15 主机送来发射触发脉冲测试点

② 主机直接送来的触发脉冲。发射触发脉冲是一个锯齿波形,测试点 XS3 头的脚 3 端(没有经过放大和整形),测试点如图 5.15 所示。测试工具使用示波器,测试方法如下:

a)打开主机箱电源,关闭发射机电源,再打开雷达天线底座发射机盖子,按照图 5.15 找到 XS3 头的测试点;

b)打开示波器,使用示波器通道 1,将示波器接地端接到发射机机壳上,将示波器探头接到 XS3 头黄线端子上;

c)使用示波器自动测量功能,分别用测量幅度和时间功能测得波形参数,宽度为 1.5 μs,幅度 5.4 V,波形如图 5.16 所示。

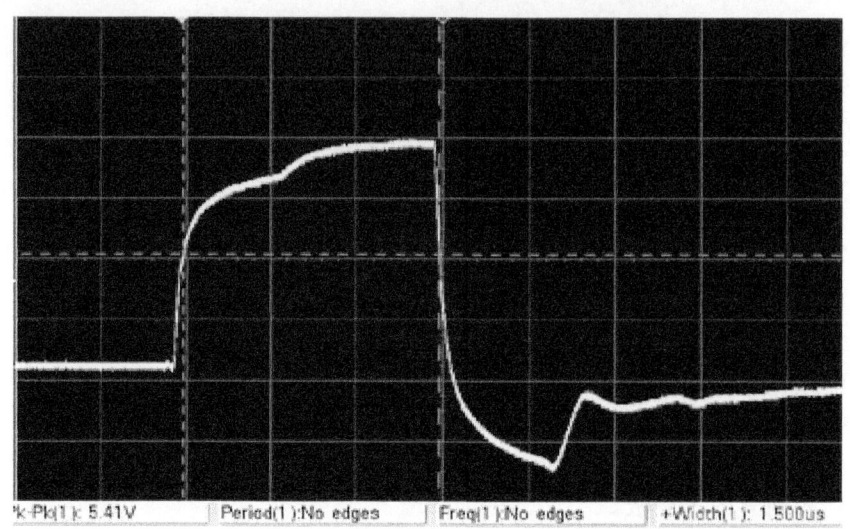

图 5.16　主机送来的发射脉冲(没有经过放大整形)

③ 经过放大和整形后加载到晶闸管上触发脉冲(发射机电源关闭状态)。主机直接送来的 +12 V 电压,经过芯片 N17805 形成 +5 V 电压,加载到 54LS223 和 54LS244 芯片上,经过放大和整形后输出到晶闸管上的触发极。正常波形是幅度 5 V、宽度 3.5 μs 的方波。测量步骤如下:

a)打开主机箱电源,关闭发射机电源,再打开雷达天线底座发射机盖子,按照图 5.17 找到晶闸管控制极触发脉冲测试点;

b)打开示波器,使用示波器通道 1,将示波器接地端接到发射机机壳上,将示波器探头接到晶闸管控制极端子上;

c)使用示波器自动测量功能,分别用测量幅度和时间功能测得波形参数,宽度为 3.96 μs,幅度 3.5 V,波形如图 5.18 所示。

④ 晶闸管上发射触发脉冲(发射机电源开启状态)。测试步骤如下:

a)打开主机箱电源,关闭发射机电源,再打开雷达天线底座发射机盖子,按照图 5.17 找到晶闸管控制极触发脉冲测试点;

b)打开示波器,使用示波器通道 1,将示波器接地端接到发射机机壳上,将示波器探头接到晶闸管控制极端子上;

c)打开主机箱发射机电源,在终端界面上开启大发射机;

d)使用示波器自动测量功能,分别用测量幅度和时间功能测得波形,波形如图 5.19 所示,由于受到磁控管发射的干扰,波形不太规整。

图 5.17　晶闸管触发脉冲测试点

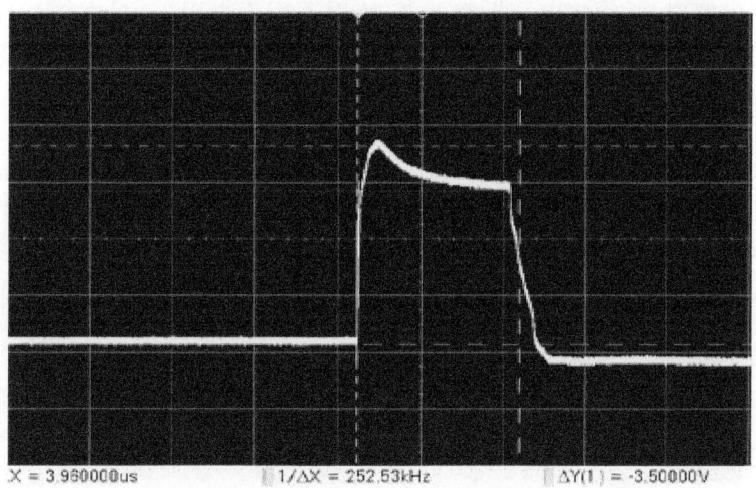

图 5.18　发射机晶闸管触发极触发脉冲（高压关闭状态）

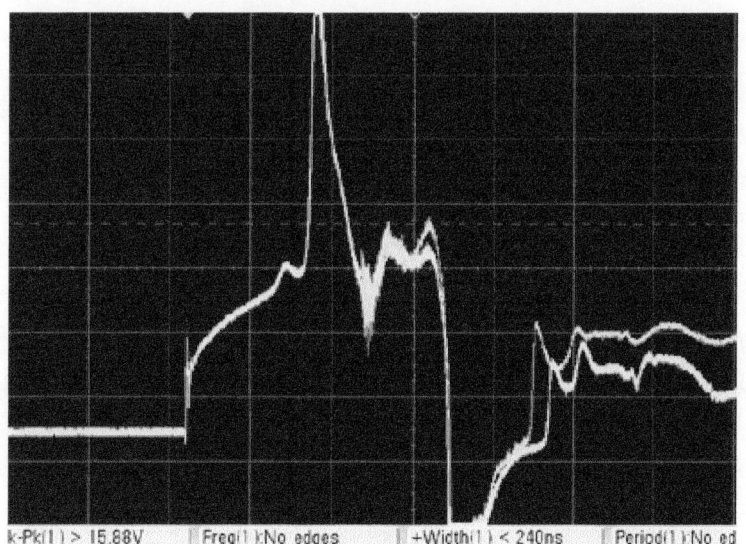

图 5.19　发射机晶闸管触发极触发脉冲（高压开启状态）

5.2.3 发射机高压电容测试(CYHM-4)

(1)高压电容作用

L波段探空雷达发射机通过固态调制器形成宽度0.8 μs、幅度为800 V的高压脉冲,调制器的工作可分为充电和放电两个过程,其中充电的方法采用的是直流谐振式充电。在测距分系统的发射触发脉冲送来之前,直流高压对仿真线的电容器充电,当仿真线上的电容器充满达到直流高压$E_C=800$ V时,串接在充电支路中的充电电感将所储存的能量又继续向仿真线上的电容器释放,即仿真线上的电容器获得第二次充电。此时串接在充电支路中的二极管起着防止充电电感产生反向电流的作用,从而使仿真线上电容器的电压达到最大后维持不变,以等待放电。由于占空比很大,约为2000:1,因此谐振充电时间很充足,足以使仿真线上电容器两端电压U_C充到直流高压的两倍,即$U_C=E_C\times2=800\times2=1600(V)$。

(2)高压电容的参数测试方法

在测量充电电容时,必须将电容拆卸下来,使用万用表电阻挡(最大挡),分别用两个表笔放置到电容(8个蓝色电容并排)的两个极,如果万用表电阻始终显示无穷大,说明电容工作正常,否则电容工作异常。发射机电容实物图片如图5.20所示。

图5.20 发射机仿真线充电电容图示

5.2.4 直流高压电源测试

(1)直流高压电源作用

为发射机仿真线电容充电提供直流800 V(全高压方式)的电压。

(2)直流高压电流测试方法

测试步骤如下:

① 打开主机箱电源,关闭发射机电源,再打开雷达天线底座发射机盖子,按照图5.21找到R8、R9、R10测试点,注意,在测试必须小心避免触高压;

② 开启主机箱发射机电源,在终端界面上开启发射机高压或全高压;

③ 将万用表置到电压1000 V直流挡,黑表笔打到发射机机壳,红表笔分别打到(小心)R8、R9、R10端,测量R8、R9、R10端上电压。本次测得R10=1.9 V(非接地端),R9=185 V(前端),R8=358 V(前端)。

在终端界面上开启发射机全高压,测量R8、R9、R10端上电压。本次测得R10=2 V(非接地端),R9=225 V(前端),R8=434 V(前端)。

第 5 章　L 波段探空雷达分系统模块、板块测试方法

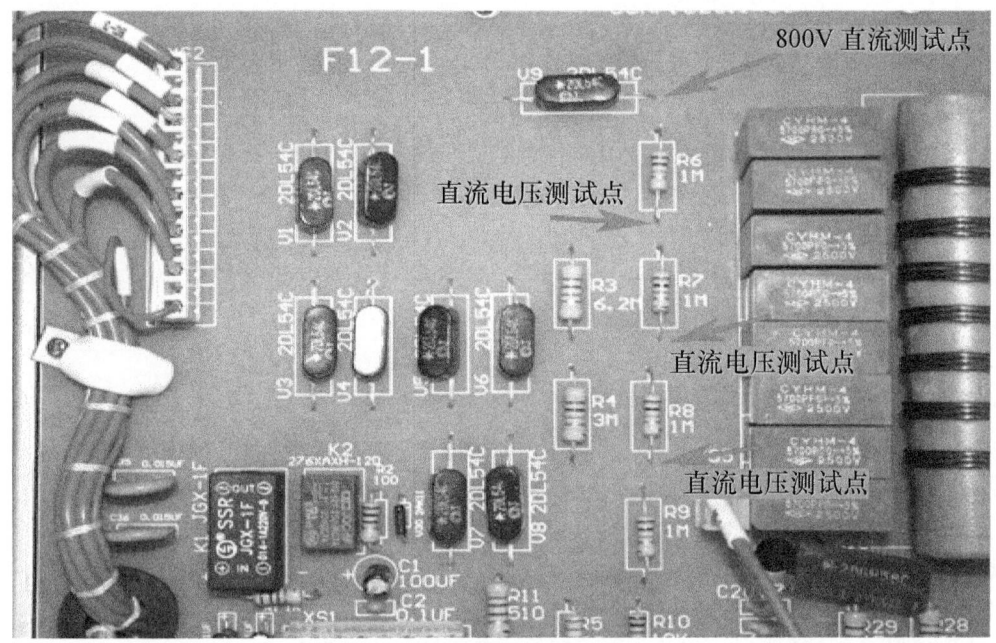

图 5.21　直流高压电源测试点示意图

5.2.5　磁控管电流测试

(1)磁控管主要作用

L 波段探空雷达磁控管是脉冲磁控管,是重入式谐振型正交场振荡器,属于高功率微波发生器件。人工线送来的高电压脉冲(频率为 600 Hz)加载到脉冲调制变压器上,经过升压后由次级输出到磁控管阴极,磁控管产生频率为 1675 MHz±6 MHz 超高频正弦波,通过耦合送到雷达发射天线辐射空中。

(2)主要测试参数及方法

当发射机高压加载成功,在磁控管阴极上加载很大负脉冲,在磁控管阳极板上可以收集到电子束感应电流,可以使用万用表测试磁控管电流,测试点如图 5.22 所示。在半高压时测得 2 V,全高压测得 3 V。

图 5.22　磁控管电流测试点

5.3 接收分系统测试

5.3.1 前置高放测试

(1)主要作用

前置高放相当于低噪声放大器,是天线馈线接收信号最前级信号放大器,对天线接收来的微弱信号进行放大。具有三个特点:高灵敏度、低噪声、输出信噪比大。

(2)主要参数及测试方法

工作电压直流+12 V,输出增益为≥15 dB。

① 增益测试

增益测试连接如图5.23所示。测量步骤如下:

a)按测试连接图5.23所示连接,接通工作电压前置高放直流+12 V;信号源选择频率1675 MHz 正弦信号,功率-80 dBm,将输出端加载到前置高放信号输入端,将频谱仪接到前置高放输出端,正常情况下输出功率为-65 dBm左右;

b)打开频谱仪,输入中心频率1675 MHz,设置显示分辨率Span=100 MHz,分析带宽VWB=1 MHz;

c)观察频谱图并读取功率,由于输入信号为正弦信号,因此频谱为单谱,利用Search Peak键将光标设置到频谱最大值位置,观察频谱功率值;

d)计算增益值,将频谱功率值与信号源输入功率求差值,即为增益。

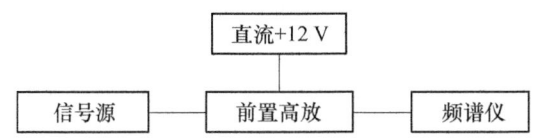

图5.23 测试前置高放增益和信噪比连接图

② 信噪比测试

按测试连接图5.23所示连接,测试步骤如下:

a)接通工作电压前置高放直流+12 V;电源信号源选择频率1675 MHz信号,功率-80 dBm,将输出端加载到前置高放信号输入端,将频谱仪接到前置高放输出端,正常情况下输出功率为-65 dBm左右;

b)打开频谱仪,输入中心频率1675 MHz,设置显示分辨率Span=100 MHz,分析分辨率VWB=1 MHz;

c)观察频谱图并读取功率,由于输入信号为正弦信号,因此频谱为单谱,利用Search Peak键将光标设置到频谱最大值位置,观察频谱功率值;

d)设置游标读取信号差值,按"Marker"键→选择"Delta",读取峰值与平均噪声之间的功率差值,即为信噪比。

5.3.2 高频组件测试

(1)主要作用

高频组件是接收机的关键部件,包括高频放大、滤波、本振、分频、混频、前中频放大。主要

第5章 L波段探空雷达分系统模块、板块测试方法

完成前置高放输出到WT8高频传输线,再经过高频旋转关节、三端环形器输入高频组件进行高频信号放大、滤波、分频、混频、中放等功能。经过前置高放的高频信号(频率1675 MHz),经过带通滤波器后,与本振源(频率1645 MHz)混频后滤波再放大输出中频信号(频率30 MHz)。另外本振源耦合出一部分送到分频器,分频输出25 kHz的方波信号,经过传输线送到主机箱终端板(11-4板)显示到屏幕上以实现接收频率的频率指示。

(2) 主要参数及波形

① 总增益:正常值范围60~64 dB,输出频谱波形如图5.24所示。

② 高频场放:28~30 dB,输出频谱波形如图5.25所示。

③ 远近程增益控制:28±4 dB。

④ 退频系数:1 V(8~15 MHz)。

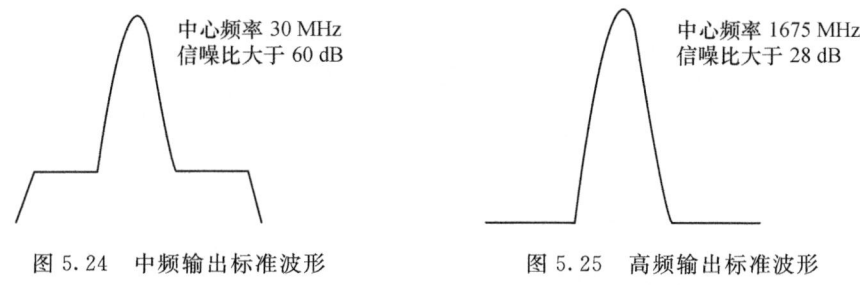

图5.24 中频输出标准波形　　图5.25 高频输出标准波形

(3) 参数波形测试方法

① 高频增益。首先检查高频组件高频部分是否正常,高频组件高频部分功能是高放和带宽滤波,输出波形和参数与图5.25进行比对。连接示意图如图5.26所示。测试步骤如下:

a) 高频输入信号频率为1675 MHz,正常情况下高频增益为30 dB。信号源选择频率为1675 MHz,功率为−50 dBm;

b) 打开频谱仪电源,将频率设置为1675 MHz,显示分辨率Span设置为100 MHz,分析带宽VBW设置为1 MHz;

c) 观察输出功率及波形,正常情况下输出为−20 dBm,波形频谱为连续正弦波频谱。

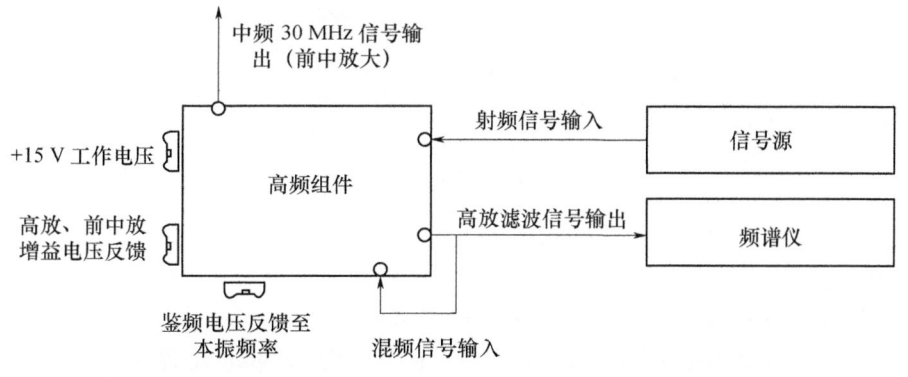

图5.26 测试高频组件高频输出波形及参数连接示意图

② 总增益。检查高频组件总增益及中频30 MHz输出波形是否正常,输出波形和参数与图5.24进行比对,同时观察中频输出频率频偏情况。连接示意图如图5.27所示。测试步骤如下:

a)总增益正常值范围为 60~64 dB,信号源选择频率为 1675 MHz,功率为-80 dBm;
b)打开频谱仪电源,将频率设置为 30 MHz,显示分辨率 Span 设置为 10 MHz,分析带宽 VBW 设置为 1 MHz;
c)观察输出功率及波形,正常情况下输出为-18 dBm,波形频谱为连续正弦波频谱;
d)注意观察输出波形中心频率及波形,中心频率是否在 30 MHz 左右(最好不要大于 3 MHz);
e)注意观察输出中频镜像频率,将频率设置为 30 MHz,显示分辨率 Span 设置为 100 MHz,分析带宽 VBW 设置为 1 MHz。观察是否有异常频谱。

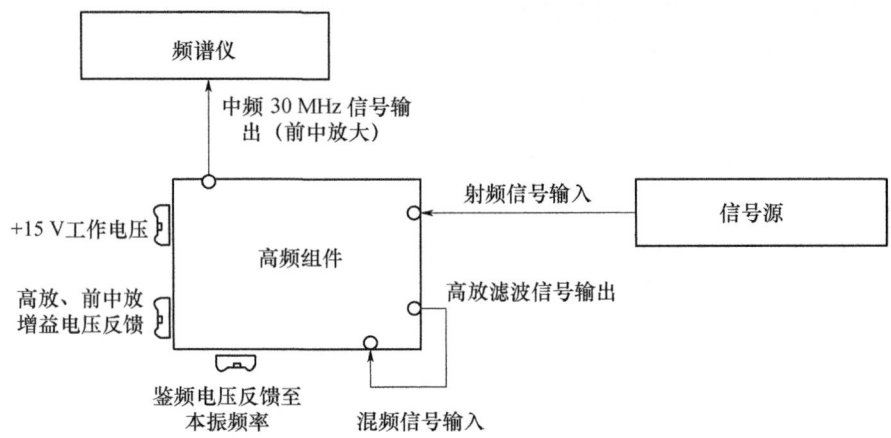

图 5.27　测试高频组件中频输出波形及参数连接示意图

③ 高频组件工作电源测试。高频部分和下变频部分电源排线如图 5.28 所示。使用万用表直流电压挡可以测试。

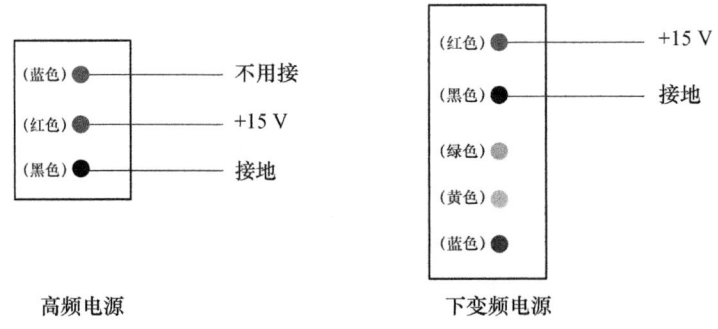

图 5.28　高频组件电源图

④远近程增益控制,范围在 28±4 dB。测试方法如下:
a)连接图与测量总增益相同;
b)信号源选择频率为 1675 MHz,功率为-80 dBm;
c)打开频谱仪电源,将频率设置为 30 MHz,显示分辨率 Span 设置为 10 MHz,分析带宽 VBW 设置为 1 MHz;
d)在计算终端将增益设置为手动方式,增加或减少增益,观察频谱仪输出的增益变化。
⑤ 退频系数,1 V(8~15 MHz)。测试方法如下:
a)连接图与测量总增益相同;
b)信号源选择频率为 1675 MHz,功率为-80 dBm;

c) 打开频谱仪电源,将频率设置为 30 MHz,显示分辨率 Span 设置为 10 MHz,分析带宽 VBW 设置为 1 MHz;

d) 在计算终端将增益设置为自动方式,将频率控制设置为手动方式,增加或减少频率,观察频谱仪输出的中心频率点变化,同时观察输出功率变化。

5.3.3 中频通道盒测试

(1) 主要作用

主要功能是将高频组件输出的 30 MHz 中频信号经过 50 m 长线输入中频通道后取得测距信号、角度信号、AFC 控制电平、AGC 控制电平、气象探空电码,完成主波抑制(去除发射机主波和近地物回波对 AGC、AFC 电平和气象电码、角度误差等信号的影响)等功能,信号流程如图 4.2 所示。该信号经过功分器分出两路信号。一路为测距信号,信号被放大一定电平,解调输出 800 kHz 脉冲信号(信号幅度 2~3 V_{PP})直接送到探空通道板(11-1 板),再经过主机箱地板线送到测距系统(11-3 板);同时再将这路信号检波放大后得到 AGC(自动增益)电压,再经过 50 m 长线反馈到高频组件的高放和前中放,完成接收机自动增益控制,使得整个放球过程中始终保持输出电平不变。另一路为角信号,经过放大、鉴频,将鉴频电压再经过 50 m 长线反馈到高频组件的本振源,使得中频输出始终保持 30 MHz 信号;同时再将这路信号检波后送到探空通道(11-1 板,800 kHz 通道)经过放大解调出气象电码送到译码系统(11-5 板),再经过终端板(11-4 板)送到终端显示,另外从探空通道(11-1 板,800 kHz 通道)再引出一路(信号幅度 2~3 V_{PP})送到天馈控制系统(11-6 板),此信号在整个放球过程中始终保持线性,反映天线的角度误差信号(仰角、方位跟踪误差信号)。

(2) 主要参数及波形

① 工作电压±15 V;

② 输出 800 kHz 角信号(信号幅度 2~3 V_{PP}),如图 5.29 所示;

③ 输出 800 kHz 测距信号(信号幅度 2~3 V_{PP}),如图 5.30 所示。

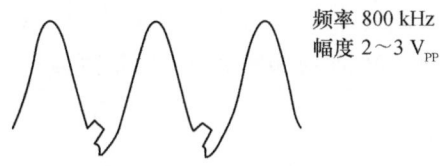 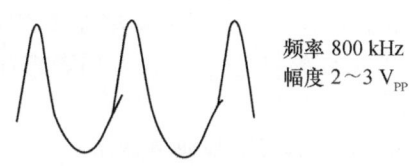

图 5.29　输出角度信号波形　　　　图 5.30　输出距离信号波形

④ (AFC)鉴频信号 R23(51 K)电阻输出(0.5 V 左右),如图 5.31 所示。

⑤ (AGC)检波信号输出(1 V 左右)。

⑥ 增益:57~60 dB。

⑦ 带宽:2.7±0.3 MHz。

其中,中频通道盒排线端子线序图如图 5.32 所示。

(3) 参数波形测试方法

① 检查工作电压。使用万用表电压挡,依据图 5.32 中频通道盒接线端子图检查工作电源。

② 中频通道盒增益测试。测试连接图如图 5.33 所示,使用信号源和万用表完成增益测试。当万用表的指示为 1 V 时,此时信号源的幅度为 A(单位 dBm),增益为 $|A|+13$ dB。

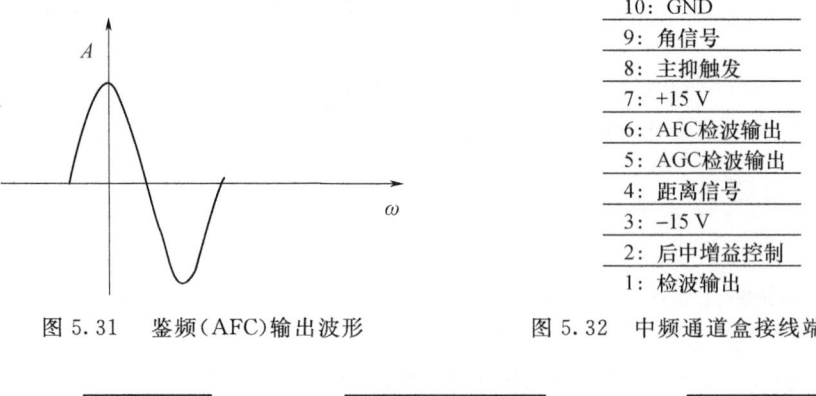

图 5.31　鉴频(AFC)输出波形　　图 5.32　中频通道盒接线端子图

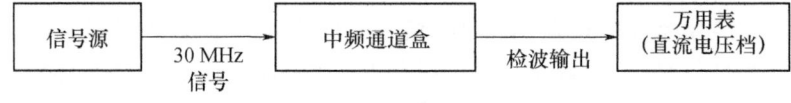

图 5.33　中频通道盒增益测试连接图

测试步骤如下：

a)按照图 5.33 所示连接好设备和仪表；

b)打开信号源电源,将频率设置为 30 MHz,输出幅度设置为 −70 dBm(扣除线缆损耗)；

c)启动计算机加载雷达终端软件,打开主机箱电源,将终端界面上"增益控制"设置为手动方式,如果此前用手动方式增加或减少了增益,则最好重新启动主机箱电源,确保没有人为增加或减少增益值。

d)观察万用表电压读数,刚开始读数在 0.6 V 左右,慢慢增加信号源幅度直到万用表读数为 1 V,记录信号源输出幅度(扣除线缆损耗)。

e)计算中频通道盒增益,万用表读数为 1 V 时信号源输出幅度为 A(单位 dBm),则中频通道盒增益为 $|A|+13$ dB。

③ 中频通道盒带宽测试。测试连接图如图 5.33 所示,使用信号源和万用表完成增益测试。在增益测试的基础上,将增益增加 3 dB,调节信号源的频率(上),使其指向 1 V,此时频率为 f_1,再调节信号源频率(下),使万用表指针指向 1 V,此时频率为 f_2,则带宽为 $|f_2-f_1|$。

测试步骤如下：

a)～e)测试步骤与中频通道盒增益测试相同；

f)将信号源输出幅度增加 3 dB,调节信号源的频率,慢慢增大频率(保持输出幅度不变),观察万用表读数,当万用表读数为 1 V 时,此时中频通道盒上限频率为 f_1 MHz,记录该值。再慢慢减小信号源频率(保持输出幅度不变),同时观察万用表读数,当万用表读数为 1 V 时,此时中频通道盒上限频率为 f_2 MHz,记录该值。

g)计算中频通道盒带宽,带宽＝$|f_1-f_2|$。

5.4　主机箱 8 块电路板测试

5.4.1　接收通道板(11-1 板)测试

(1)主要作用

① 接收中频通道盒送来的 AGC 检波电压信号和 AFC 鉴频电压信号,并送到终端处理

第5章 L波段探空雷达分系统模块、板块测试方法

(11-4板),最终送计算机终端显示。

② 将手动方式的增益电压送到高频组件的高放和前中放,将手动方式频率电压送到高频组件的本振部分。

③ 接收中频通道盒送来的角信号经过放大后送入800 kHz通道,再分成两个部分,一路经过解调后得到气象码送到自检/解码(11-5板)进行气象电码处理,另外一路经过处理后成为角度跟踪信号,大小为2～3 V_{PP},波形为正弦波形送到天控(11-6板),包括大小和相位,其中角度跟踪信号幅度表示角度差,相位与天线和信号的基准相位比较后表示角度的方向。

(2) 主要参数及波形

① 工作电压:+15 V,+5 V,-15 V。

② (终端面板"增益"和"频率"按钮为自动状态)AGC电压0.3 V左右,AFC电压为-0.3 V到0 V。

③ 门限电压:-5 V,393管-5脚。

④ 本振电压为7 V左右。

⑤ 在终端面板"增益"按钮为自动状态,高频VGC电压为2.6 V左右,中频VGC电压为1.7 V左右;在终端面板"增益"按钮为手动状态,高频VGC电压为6.5 V左右,中频VGC电压为4.8 V左右。如果不能满足这种关系,可以调板上RP7可调电阻,但不能随便调节,在确定雷达前置高放、高频组件和中频通道盒的增益正常的基础上,如果终端显示增益不在95～120范围内可以调节RP7。

⑥ 气象电码信号,为频率为133 Hz、幅度为509 mV、脉冲宽度不等的方波信号。

⑦ 角信号,角信号是从中频通道输出直接送到11-1板上,频率为800 kHz、幅度为3.48 mV的锯齿波。

⑧ 角跟踪信号,是角信号处理产生的角误差(包括大小和相位),频率为800 kHz、幅度为200 mV正弦波形。

(3) 参数及波形测试方法

分别使用万用表和示波器进行测试,测试方法如下:

① 使用万用表电压挡,在终端面板上将"增益"和"频率"按钮设为自动状态;万用表黑表笔接地,红表笔打到11-1板的XS1的7脚测得AGC检波电压,本次测得为0.3 V;万用表红表笔打到11-1板的XS1的8脚测得AFC检波电压,本次测得为-0.3 V。

② 使用万用表电压挡,在终端面板上将"增益"和"频率"按钮设为自动状态;万用表黑表笔接地,红表笔打到11-1板的XS2的7脚测得高频VGC为2.6 V,XS2的8脚测得中频VGC为1.7 V,本振电压7.0 V。在终端面板上将"增益"和"频率"按钮设为手动状态;万用表黑表笔接地,万用表红表笔打到11-1板的XS2的7脚测得高频VGC为6.5 V,XS2的8脚测得中频VGC为4.8 V,本振电压7.1 V。

③ 角信号波形(正常波形为锯齿波),频率为810 kHz、幅度为3.48 mV的锯齿波形,本次测试角信号波形如图5.34所示。测试步骤如下:

a) 测试过程必须保证探空仪加电且雷达发射机处于工作状态,可以使用有源目标物和小发射机进行测试;

b) 打开计算机终端软件,打开主机箱盖子,取出11-1板,插入套接板,再将11-1板插入套接板(注意方向);

c) 打开主机箱电源,打开有源目标物,设置天控方式为手动方式,使得雷达天线对准有源

目标物,同时通过摄像机观察有源目标物基本在摄像机中心位置;

d)将天控方式设置为自动方式,同时观察工作示波器角跟踪信号(四条亮线)和距离跟踪信号(精、粗扫描);

e)打开测试示波器,将探头接地端与主机箱壳连接,探头接入 11-1 板 XS1 端口的 9 脚(从里向外排列),观察示波器波形,标准波形如图 5.34 所示。该波形是从中频通道盒接线端子 9 输出的信号送到 11-1 板。如果该信号不正常,则可能中频通道盒的功分器或 800 kHz 故障,依次可以判断中频通道盒工作情况。

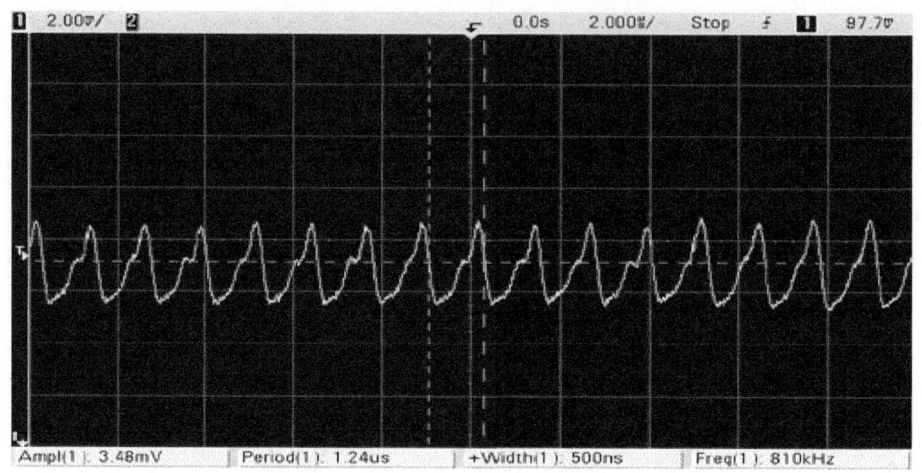

图 5.34　11-1 板角信号波形

④ 气象电码波形,从中频通道盒直接送到 11-1 板上,是频率不等、幅度为 513 mV 的方波,本次测得气象电码波形如图 5.35 所示。测试步骤如下:

a)~d)与角信号波形测试步骤相同;

e)打开测试示波器,将探头接地端与主机箱壳连接,探头接入 11-1 板 XS2 端口的 16 脚(从里向外排列),观察示波器波形,标准波形如图 5.35 所示。该信号时中频通道盒接线端子 9 分出一路信号送到 11-1 板,如果中频通道盒出现故障,则该路信号不正常。

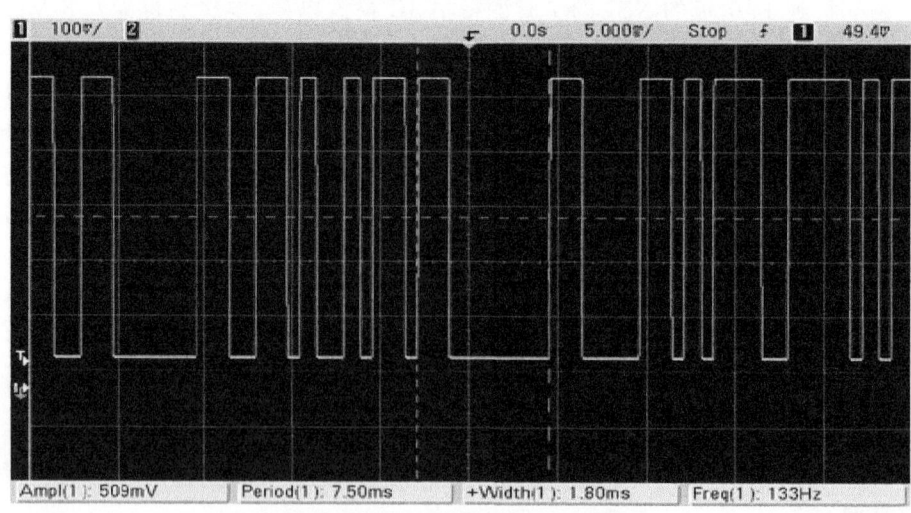

图 5.35　11-1 板气象电码波形

⑤ 角度跟踪信号,该信号是中频通道盒送来的角信号处理成角度跟踪信号,为正弦波,包括角度大小和相位,频率为 800 kHz,幅度为 180~200 mV。本次测得角度跟踪信号波形如图 5.36 所示。测试步骤如下:

a)~d)与角信号波形测试步骤相同;

e)打开测试示波器,将探头接地端与主机箱壳连接,探头接入 11-1 板 XS2 端口的 23 脚(从里向外排列),观察示波器波形,标准波形如图 5.36 所示。该信号是中频通道盒送来的角信号经过处理角度差(大小)和角度方向(正负)。

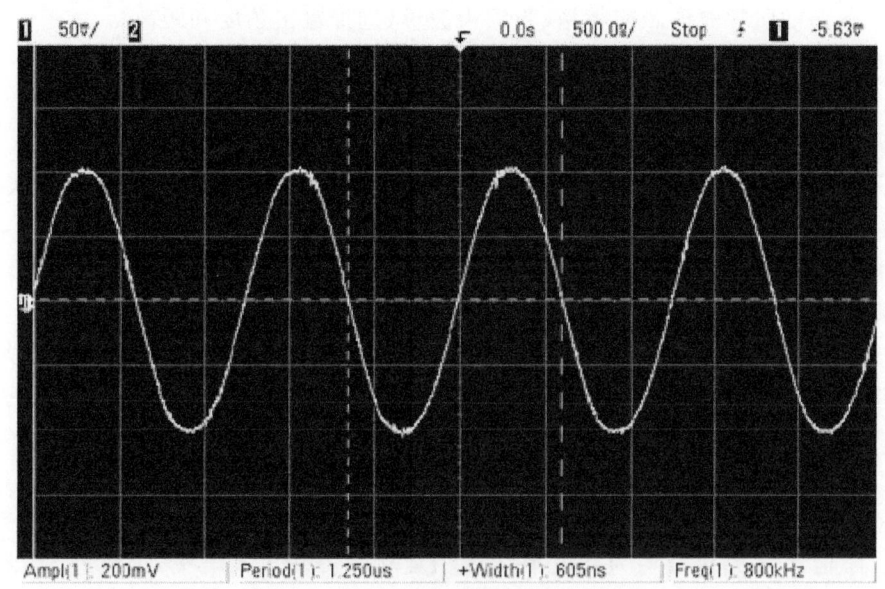

图 5.36　11-1 板角度跟踪信号波形

5.4.2　发射/显示(11-2 板)测试

(1)主要作用

① 接收 11-6 板送来的程序方波,处理成阶梯波形输入 X 轴扫描(当显示选择角度跟踪状态)。

② 接收 11-3 板送来的精扫(2 km)和粗扫(32 km)波形,经过处理(积分电路处理)后变成锯齿波形交替送 X 轴(当显示选择距离跟踪状态)。

③ 在精扫触发和粗扫触发的触发下分别产生精扫时间和粗扫时间控制。

④ 当显示角度时,将 11-1 板送来的角信号送 Y 轴。

⑤ 当显示距离时,将精扫描和粗扫描信号交替输出,选择中频通道送来的距离信号送 Y 轴。

⑥ 接收天线底座发射机采集发射机工作状态信号(过荷、反峰),并送到 11-4 板,再送到计算机显示。

⑦ 接收计算机终端(11-4 板)送来的全高压、半高压、高压控制指令,同时控制发射机直流高压输出(全高压、半高压)。

⑧ 接收中频通道盒距离信号。

(2)主要参数及波形

11-2 板分 2009 年前板和 2009 年后板。

① 新版2009年后,过压电压4.5 V,过流2.5 V;旧版2009年后,过荷保护和反峰保护。

一般检查办法:检查74LS21芯片输出(6管脚)高电平时,3DX三极管放大器芯片工作,一般检查74LS21芯片的输入端口1、2、3、4,如果一个管脚输出为低电平,则74LS21输出为低电平,将导致3DX三极管放大器芯片不工作,则最终高压不能工作。

② 工作电压为+15 V,-15 V;显示选择角/距离电平电压,选择测角为3～5 V,选择测距为0 V。

③ 高压控制电平电压,全/半高压选择电平电压。

④ X轴输出的阶梯波形和交替精、粗锯齿波形(选择输出角度和距离)。

⑤ 主抑触发脉冲,为频率599 Hz、幅度322 mV、脉宽6.35 μs的方波脉冲。

(3)参数波形测试方法

分别使用万用表和示波器进行测试。

① 显示"角/测距"选择测试,使用万用表,终端选择显示"角度",测量11-2板XS2端口的23脚,测得高电平(3.7 V),同时测量20、21脚的输出电压0 V,表明XP1(继电器)没有输出±15 V电压,X轴(17脚)输出阶梯波(波形见图5.38)。终端选择显示"测距",测量XS2端口的23脚,测得低电平(0 V),同时测量脚20为+15 V、21脚为-15 V,表明XP1(继电器)输出±15 V电压,X轴交替输出精、粗方波(波形见图5.35)。有些时候在终端选择"角/测距"按钮,示波器上不能正常切换,此时应该检查XP1(继电器)输出电压,如果电压不正常要更换XP1管子。

② 发射高压保护测试,发射机正常工作后,发射机上电压采样电路分别采集到过荷、反峰、过压、短路保护电压。2009年前后的发射机保护电压值略有差别。由图5.37可以知道,当发射机工作正常,4路信号均为高电平,经过D4锁存器输出高电平,再经过D7和D5与门后输出到三极管V5(3DX48)一个高电平,V5导通,输出高电平送到发射机高压控制,使得220 V交流电送到直流整流电路开始工作,否则如果4路信号有1路为低电平,V5截止不工作,将低电平送到发射机控制,使得220 V不能送到直流整流电路上,直接导致发射机不工作。当出现故障时按照电路图检查D7和D5输出电平以及V5导通电压。

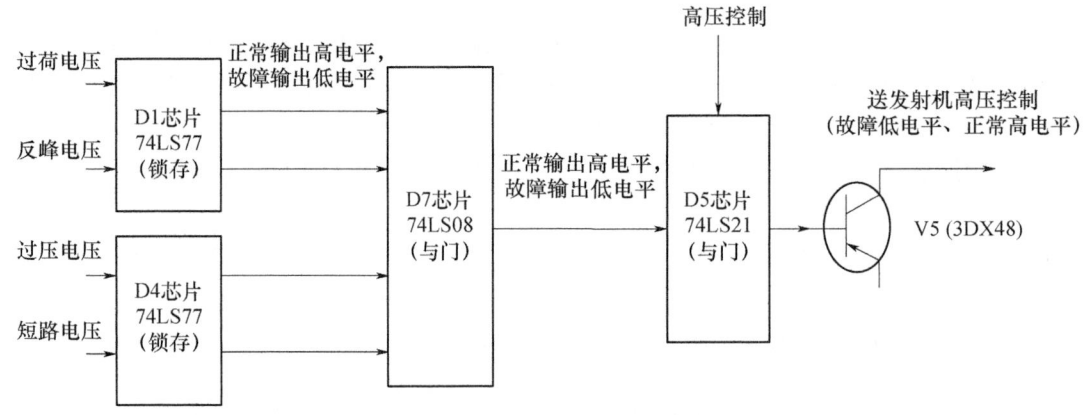

图5.37 11-2板发射机保护控制电路示意图

③ X轴输出阶梯波波形,当选择显示测角时,输出阶梯波,即频率为50 Hz、幅度(总幅度)为72 mV的阶梯波波形,本次测得阶梯波波形如图5.38所示。测试步骤如下:

a)～d)与角信号波形测试步骤相同;

e)打开测试示波器,将探头接地端与主机箱壳连接,探头接入 XS2 端口的 17 脚(从里向外排列),同时在终端界面显示选择"角度",观察示波器波形。该信号是 11-6 板送到 11-2 板 XS2 端口的 6~9 脚,经过处理后输出到 11-2 板 XS2 端口的 17 脚。

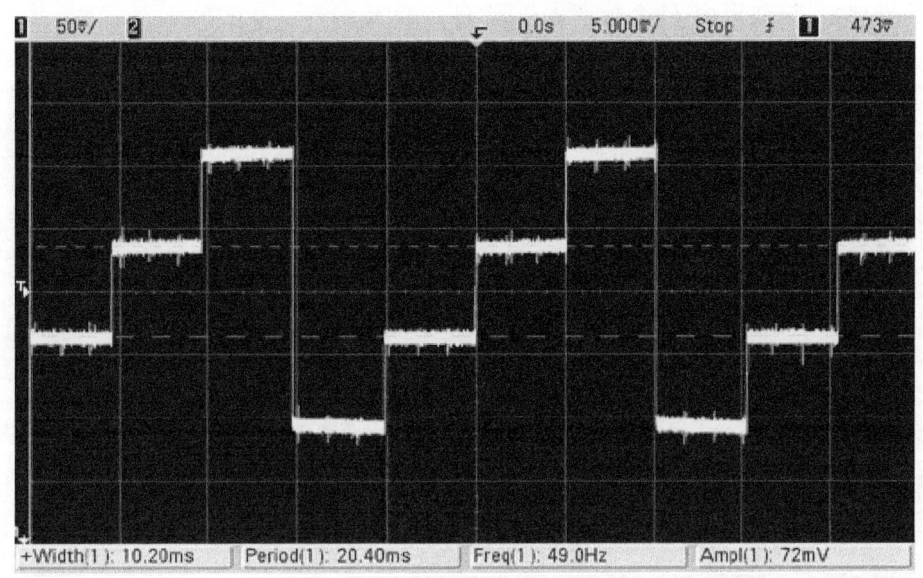

图 5.38　X 轴输出阶梯波波形

④ X 轴交替输出精、粗波形,即频率为 635 Hz、幅度为 1 V 的锯齿波形,当选择显示测距时,交替输出精粗扫描波形。本次测得波形如图 5.39 所示。测试步骤如下:

a)~d)与角信号波形测试步骤相同;

e)打开测试示波器,将探头接地端与主机箱壳连接,探头接入 11-2 板 XS2 端口的 17 脚(从里向外排列),同时在终端界面显示选择"角度",观察示波器波形。

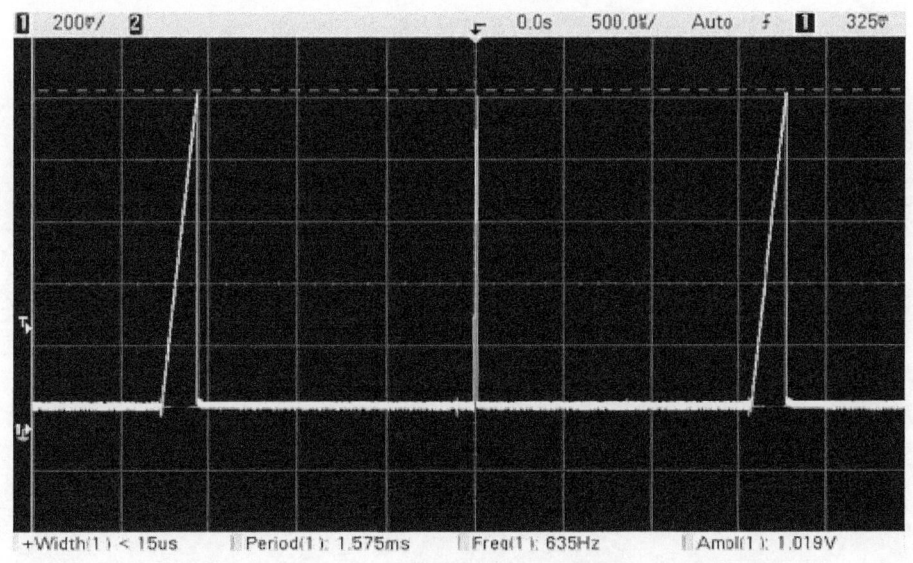

图 5.39　X 轴交替输出精、粗波形

⑤ 主抑触发波形,即频率 600 Hz、幅度 322 mV、脉宽 6.35 μs 的方波波形。本次测得主

抑触发波形如图 5.40 所示。测试步骤如下：

a)～d)与角信号波形测试步骤相同；

e)打开测试示波器,将探头接地端与主机箱壳连接,探头接入 11-2 板 XS2 端口的 10 脚（从里向外排列）。该波形由 11-3 板产生送到 11-2 板上。

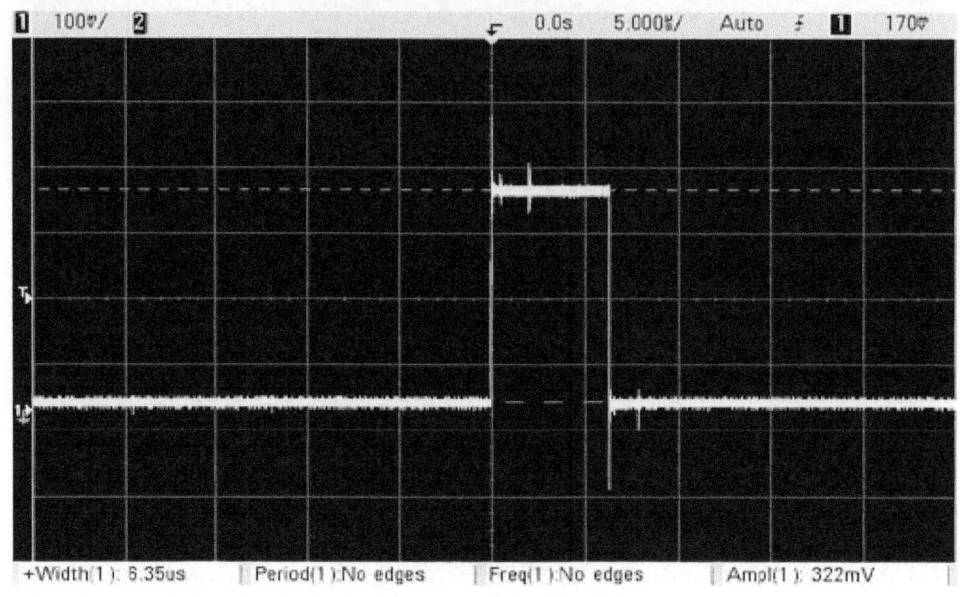

图 5.40　11-2 板主抑触发波形

⑥ 2 km 触发波形,即频率 600 Hz、幅度 325 mV、脉宽 1.56 μs 的方波波形,该波形是由 11-3 板送来。波形如图 5.41 所示。测试方法如下：

a)～d)与角信号波形测试步骤相同；

e)打开测试示波器,将探头接地端与主机箱壳连接,探头接入 11-2 板 XS2 端口的 11 脚（从里向外排列）。该波形由 11-3 板产生送到 11-2 板上。

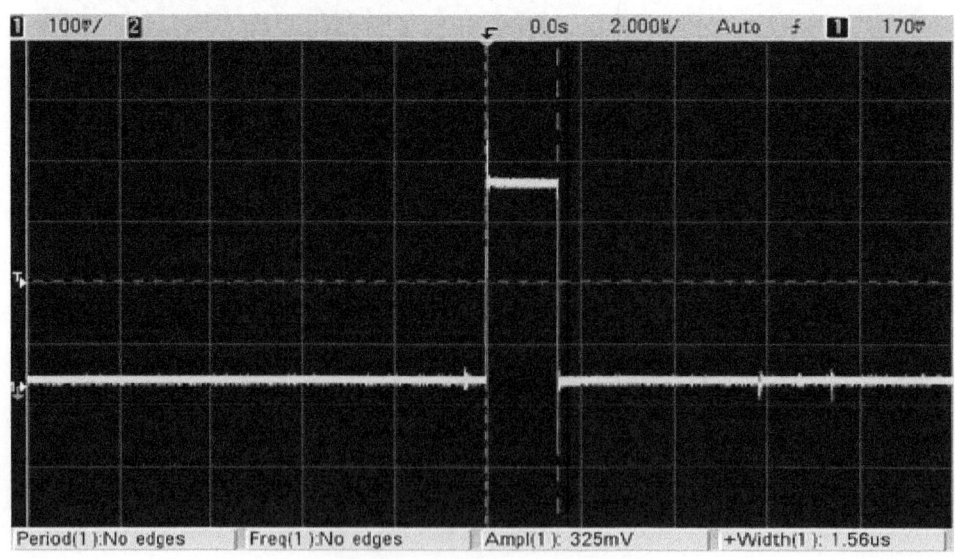

图 5.41　11-2 板 2 km 触发波形

⑦ 32 km 触发波形,即频率 600 Hz、幅度 409 mV、脉宽 1.5 μs 的方波,该波形是由 11-3 板送来。波形如图 5.42 所示。测试方法如下:

a)~d)与角信号波形测试步骤相同;

e)打开测试示波器,将探头接地端与主机箱壳连接,探头接入 11-2 板 XS2 端口的 11 脚(从里向外排列)。该波形由 11-3 板产生送到 11-2 板上。

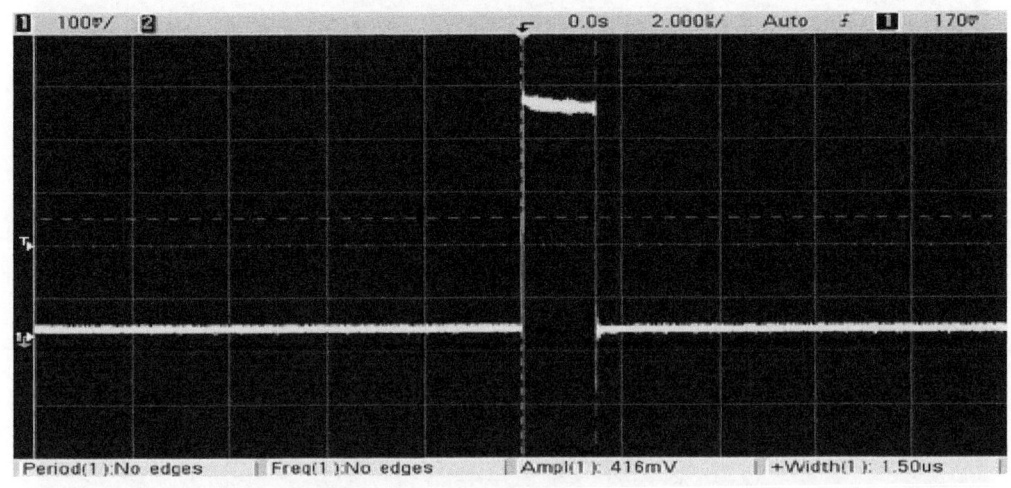

图 5.42　11-2 板 32 km 触发波形

⑧ 精扫方波波形,即频率为 300 Hz、幅度 410 mV、脉宽 16.8 μs 的方波波形。本次测得波形如图 5.43 所示。测试步骤如下:

a)~d)与角信号波形测试步骤相同;

e)打开测试示波器,将探头接地端与主机箱壳连接,探头接入 11-2 板 XS2 端口的 19 脚(从里向外排列)。或者使用示波器测试 1D4 管的 5 脚输出信号(精方波),可以测量 1D4 管 10 脚输入端(精触发)。

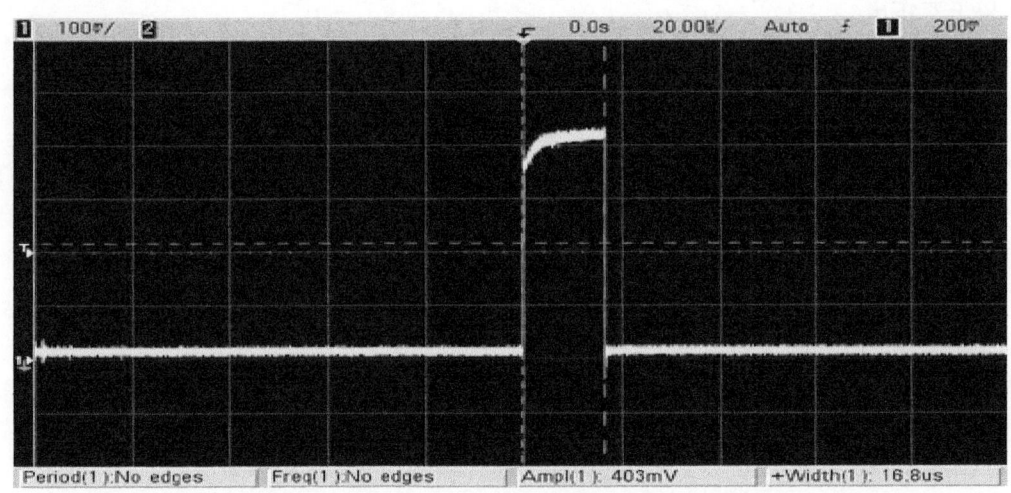

图 5.43　精扫方波波形

⑨ 粗扫方波波形,即频率为 300 Hz、幅度 410 mV、脉宽 200 μs 的方波波形。本次测得波形如图 5.44 所示。测试步骤如下:

a)~d)与角信号波形测试步骤相同;

e)打开测试示波器,将探头接地端与主机箱壳连接,探头接入11-2板XS2端口的16脚(从里向外排列)。或者使用示波器测试1D4管的13脚输出信号(粗方波),可以测量1D4管2脚输入端(粗触发)。

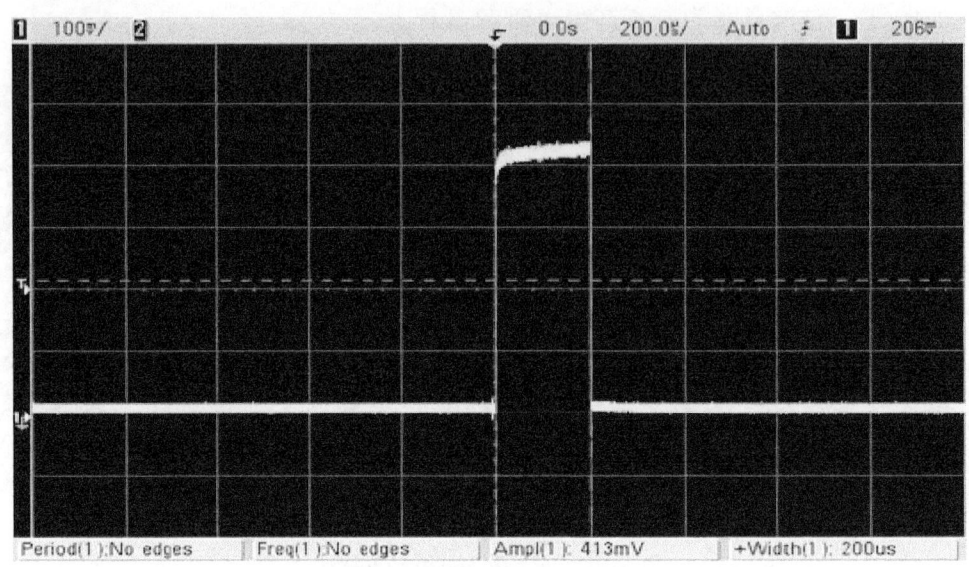

图5.44 粗扫方波波形

注意:2009年前版本的11-2板和2009年后的11-2板略有差异,在使用2009年版本前的发射机时,如果主机上的11-2板是2009年批次后的,一定要从11-2板上取下N1:LM358芯片,这样开高压才正常,否则发射机高压不能正常开启。

5.4.3 测距(11-3板)测试

(1)主要作用

① 产生大、小发射机发射触发脉冲(频率600 Hz),发射选择控制(大、小发射机选择)。

② 接收11-2板送来的测距信号。

③ 2 km和32 km触发信号。

④ 前后波门,当计数溢出后,产生跟踪脉冲,再由跟踪脉冲触发,并产生前后波门,与回波脉冲信号处理经过时间鉴别器产生输出误差电压,再将误差电压数字量化后来控制跟踪脉冲产生时延,依次来控制跟踪脉冲产生的时间。

⑤ 通过晶体振荡产生34.477 MHz频率,每个脉冲代表4 km。

⑥ 通过自动和手动调整前后距离,来控制跟踪脉冲。

(2)主要参数及波形

① 发射触发脉冲(大小发射机):频率600 Hz、脉宽1.52 μs、幅度440 mV的方波。

② 主抑触发信号:频率600 Hz、脉宽6.35 μs、幅度325 mV的方波。

③ 2 km和32 km触发信号:2 km触发为频率600 Hz、脉宽1.55 μs、幅度322 mV的方波;32 km触发为频率600 Hz、脉宽1.5 μs、幅度410 mV的方波。

④ 前后波门:前波门为频率600 Hz、脉宽1.28 μs、幅度400 mV的方波,后波门为频率600 Hz、脉宽1.3 μs、幅度400 mV的方波。

⑤ 晶体振荡产生频率 34.477 MHz、波形为正弦的波形。

⑥ 距离信号,由 11-1 板送来信号,为锯齿波形。

⑦ 工作电压为+15 V,-15 V,+5 V;手动距离跟踪(前进、后退)电平为 5 V,自动距离跟踪(前进、后退)电平为 0 V。

(3)参数及波形测试方法

分别使用万用表和示波器进行测试。

① 发射触发脉冲,打开主机电源,使用示波器探头,测试 XS1 脚 8(大),测得是加载到大发射机上的触发脉冲;在终端界面上点击"小发射机"按钮,使用示波器探头,测试 XS1 端口脚 7(小),测得是加载到小发射机上的触发脉冲。本次测试波形如图 5.45 所示。

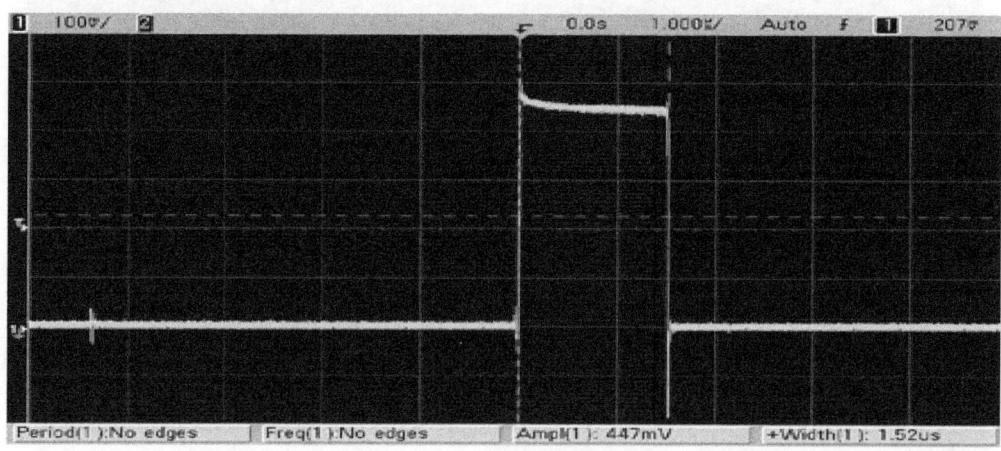

图 5.45　11-3 板产生发射触发脉冲(大、小发射机)

② 主抑触发信号,该信号是由晶振产生的波形然后再分频处理后产生的,再送到 11-2 板上。打开主机电源,使用示波器探头,测试 XS1 端口脚 11,输出波形如图 5.46 所示。该信号送到 11-2 板上。

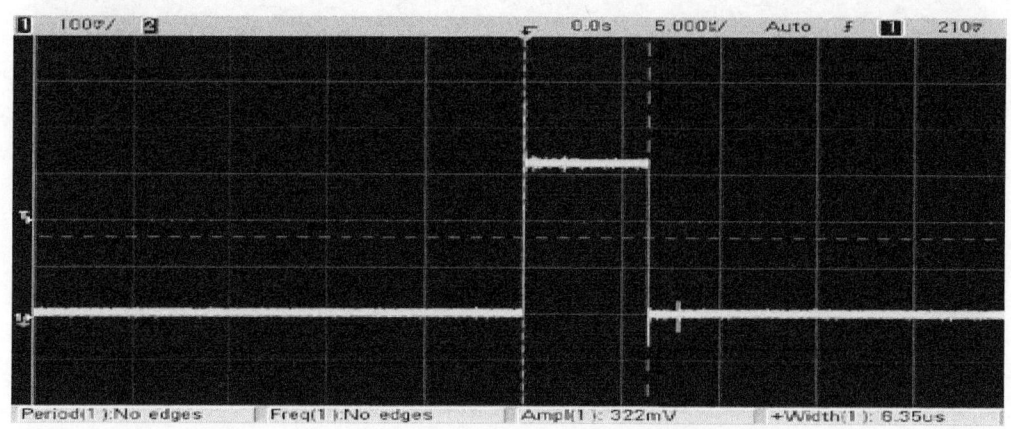

图 5.46　11-3 板产生主抑触发波形

③ 2 km 触发信号,该信号是由晶振产生的波形然后再分频处理后产生的,再送到 11-2 板上。打开主机电源,使用示波器探头,测试 XS2 脚 11,输出波形如图 5.47 所示。该信号送到 11-2 板上。

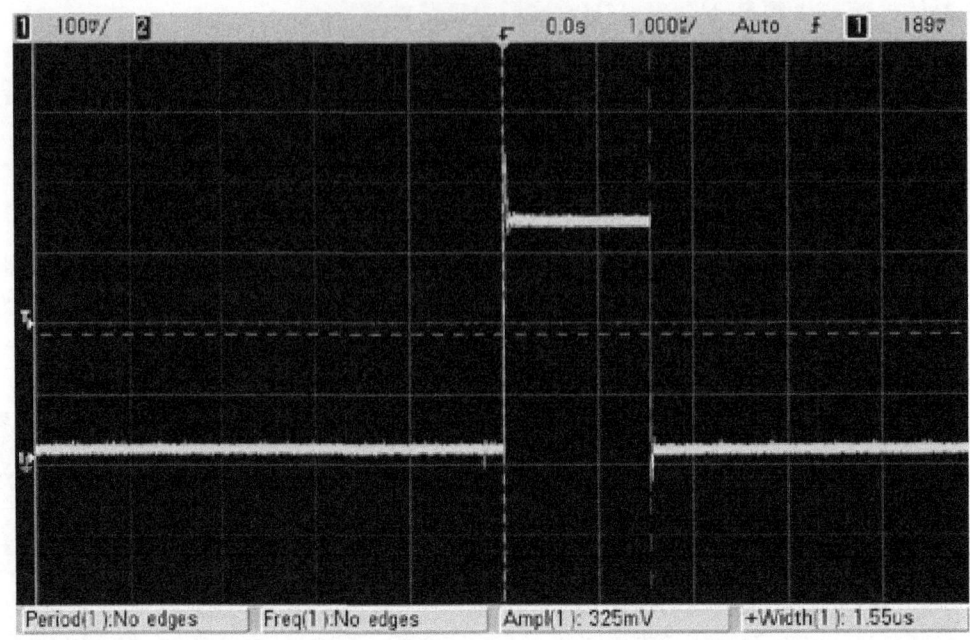

图 5.47 11-3 板 2 km 触发信号

④ 32 km 触发信号,该信号是由晶振产生的波形然后再分频处理后产生的,再送到 11-2 板上。打开主机电源,使用示波器探头,测试 XS2 脚 12,输出波形如图 5.48 所示。该信号送到 11-2 板上。

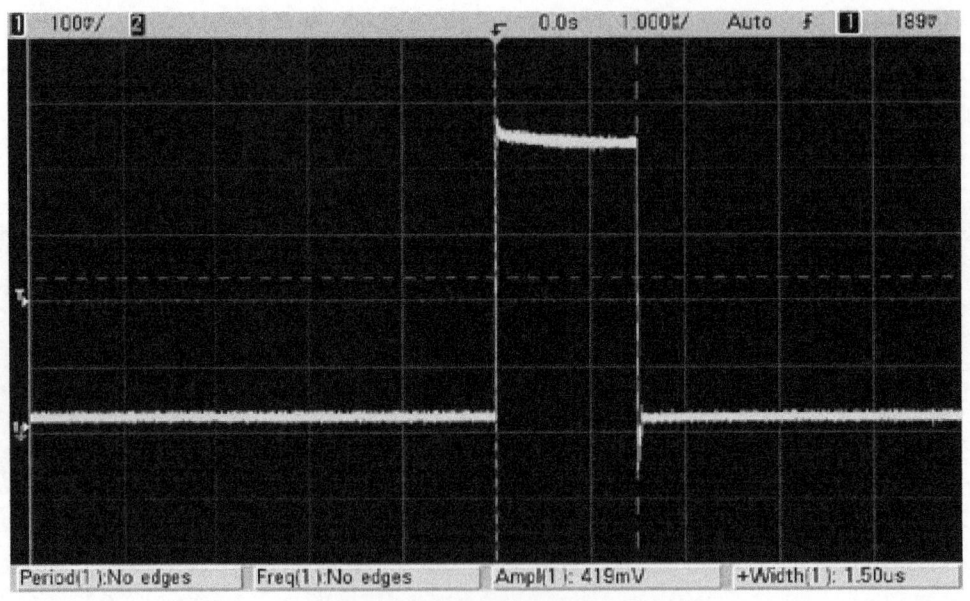

图 5.48 11-3 板 32 km 触发信号

⑤ 前波门波形,该波形是由晶振产生的波形然后再分频处理后产生的,经过 D12 芯片的 5 脚输出。使用示波器,将探头打到 D12 管 5 脚输出整形放大后经 V5 输出前波门。本次测得实际波形如图 5.49 所示。

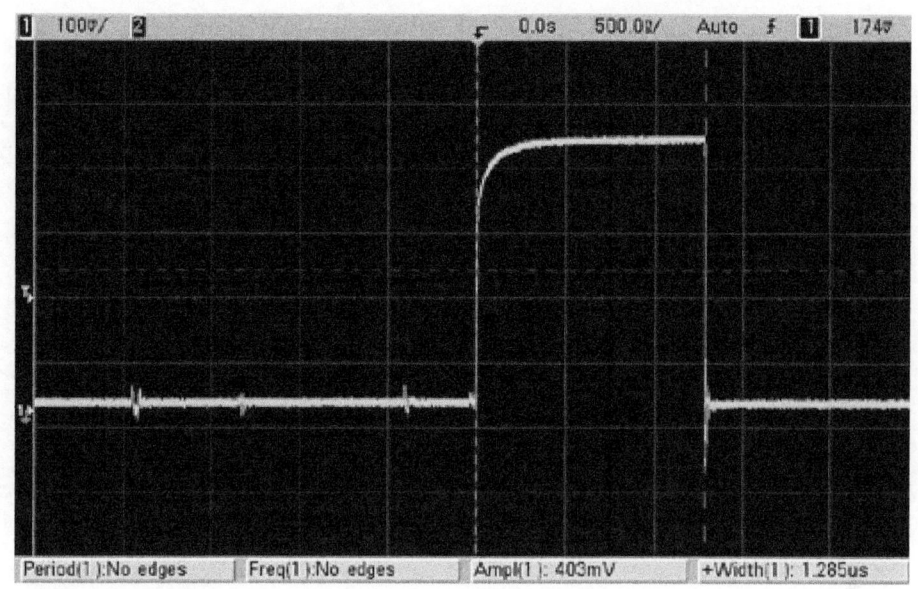

图 5.49　前波门输出波形

⑥ 后波门波形,该波形是由晶振产生的波形然后再分频处理后产生的,经过 D12 芯片的 13 脚输出。使用示波器,将探头打到 D12 管 13 脚输出整形放大后经 V6 输出后波门。本次测得实际波形如图 5.50 所示。

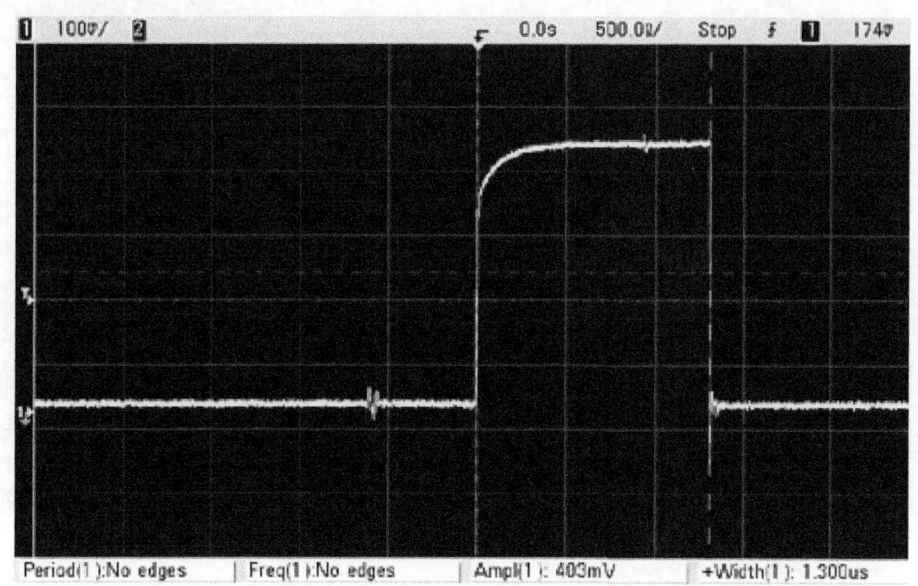

图 5.50　后波门输出波形

⑦ 晶体振荡波形,产生频率为 34.477 MHz 的正弦波形。晶体振荡器处在 11-3 板最里面的中间位置,晶体振荡实物和频率测试点示意图如图 5.51、5.52 所示。

使用示波器探头打到图 5.52 所示的测试点,测得晶体振荡频率如图 5.53 所示。本次测得频率为 37.738 MHz、幅度为 639 mV。

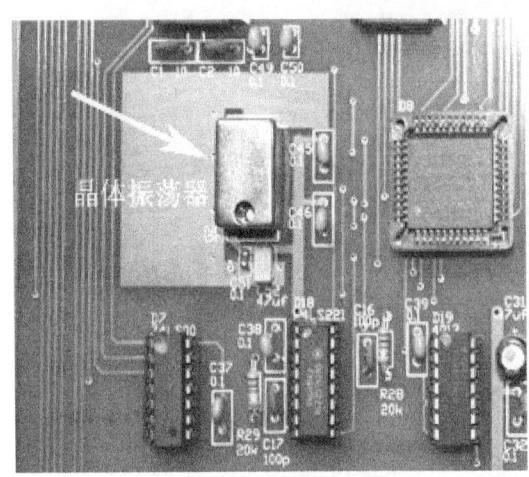 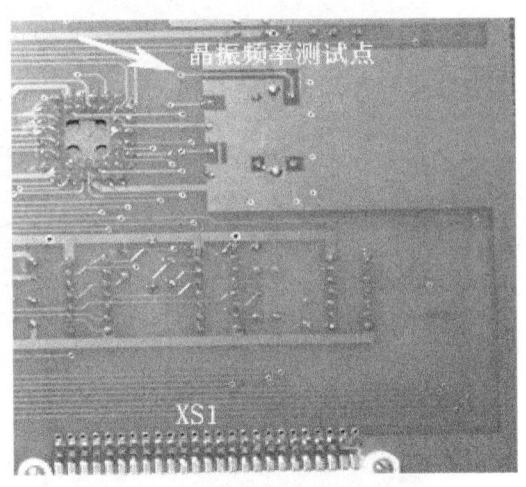

图 5.51　晶体振荡器实物图　　　　　图 5.52　晶体振荡器频率测试点

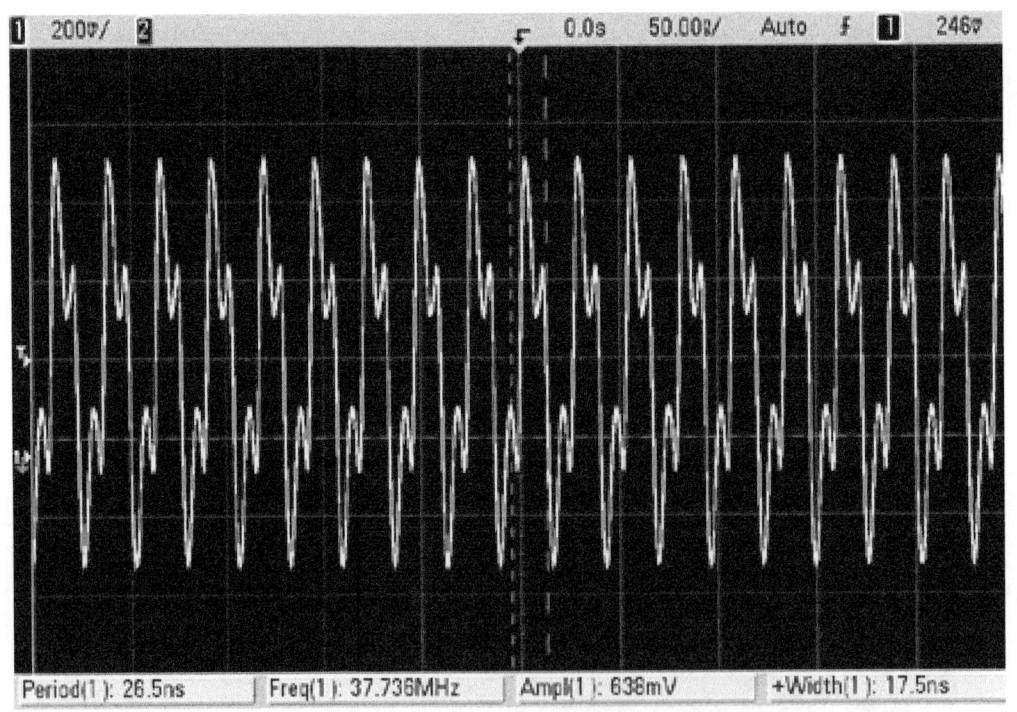

图 5.53　11-3 板晶体振荡器产生的频率图

⑧ 使用万用表测量 3XS1 端口的 24、25 脚+5 V,测量 XS2 端口的 1、2 脚为+15 V,测量 3XS2 端口的 3、4 脚为-15 V;在手动距离跟踪方式下,点击终端界面"前进、后退"按钮电压为 4.8 V,自动跟踪方式下,为 0 V。

⑨ 11-1 板送来距离信号,使用示波器探头,测试 XS2 端口的 9 脚,输出波形如图 5.54 所示。

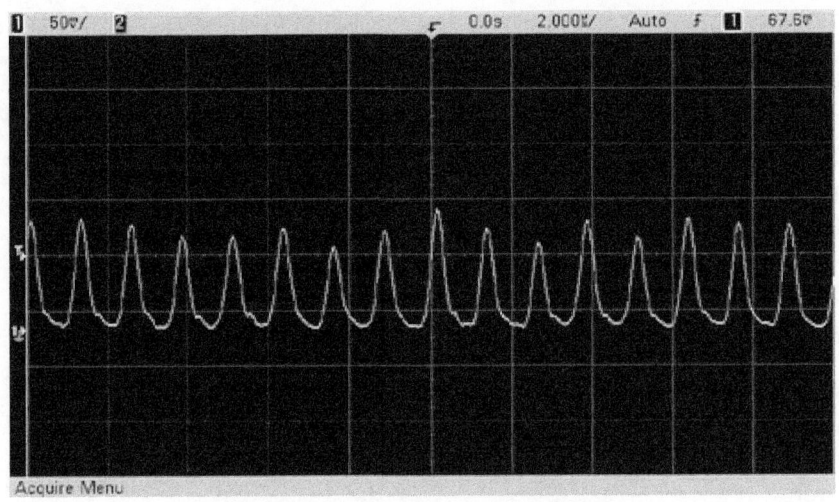

图 5.54 11-1 板送到 11-3 板的测距信号

5.4.4 终端控制(11-4 板)测试

(1)主要作用

主要完成与各个分系统之间的通信。

① 与 11-5 板(译码/自检)进行串口通信,读取自检结果和气象译码。

② 与 11-3 板(测距)通信进行串口,距离跟踪方式手动和自动切换,采用手动方式进行距离跟踪方式的"快进、快退"。

③ 与 11-6 板通信,跟踪天线的所有操作,包括手动与自动切换,手动控制天线的方向、速度,程序方波输出和基测开关等控制;在天控手动方式下,读取天控手控盒方位、仰角电压。

④ 与 11-1 板通信,增益控制(增益大小调节、手动与自动切换),频率控制(手动方式频率大小调节、手动与自动切换);与高频组件本振连接提取频率再分频计数显示等。

⑤ 11-2 板通信,控制大小发射机开关,全高压与半高压切换;从发射机上采集磁控管电流数据,并 A/D 转换成计算机可显示数据,控制大、小发射机开关。

⑥ 与 11-2 板通信,控制四条亮线的显示,示波器测角与测距显示切换。

⑦ 与 11-7 板、11-8 板通信,读取当前方位、仰角读数并实时传给计算机显示。

⑧ 终端手动方式,送出高低电压,并通过驱动电路控制摄像机的焦距、光圈、景深等。

(2)主要参数

① 发射选控,选择大、小发射机,低电平(0 V)选择大发射机,高电平(5 V)选择小发射机。

② 高压控制,高电平表示高压打开;全/半高压控制,高电平表示全高压,低电平表示半高压。

③ 角/测距显示选择,高电平选择角度显示,低电平选择测距显示。

④ 各类指示,当高压指示为高电平时表示开高压,当高压指示为低电平时,表示高压关闭;当增益和频率指示为高电平时,表示为自动方式,否则为低电平时,表示为手动方式。

⑤ 摄像机参数,当光圈、焦距指示为高电平时,表示在终端界面摄像机的光圈、焦距工作在自动方式;当光圈、焦距指示为低电平时,表示在终端界面摄像机光圈、焦距工作在手动方式。

(3)参数测试方法

使用万用表测量各种电平数据。

① 发射选控,万用表测量 XS2 端口的 6 脚,在终端界面点击"小发射"按钮,默认状态为选择大

发射机。选择大发射机,测得 XS2 端口的 6 脚为 0 V;选择小发射机,测得 XS2 端口的 6 脚为 5 V。

② 高压指示、高压控制,终端界面上打开主机高压开关,万用表测量 XS1 端口的 16 脚高压控制电压为 5 V,XS1 端口的 6 脚高压指示电压为 2.4 V;终端界面上关闭发射机,万用表测量 XS1 端口的 16 脚高压控制电压为 0 V,XS1 端口的 6 脚高压指示电压为 0 V。

③ 全/半高压控制,终端界面上点击"高压",万用表测量 XS1 端口的 17 脚测得电压为 2.36 V,终端界面上点击"全高压",万用表测量 XS1 端口的 17 脚测得电压为 2.7 V。

5.4.5 自检/解码(11-5 板)测试

(1)主要作用

① 故障信息检测:主要包括四路程序方波、方位仰角报警信息、方位仰角+24 V 工作电压、仰角上下限位、过压和反峰指示、精粗触发、发射触发。

② 气象电码录用,11-1 板将强电码送到 11-5 板上,经过解码录取当前时间的温度、湿度、气压三个观测数据。

(2)主要参数

① 脉冲信号检测:来自 11-6 板程序方波脉冲(脉宽为 5 μs,频率为 50 Hz)、来自 11-3 板发射脉冲(脉宽为 0.8 μs,频率为 600 Hz)、精粗脉冲。

② 逻辑电平检测:方位仰角驱动器+24 V,电源 24 V;方位仰角警告电平+24 V,正常为 0 V;仰角上限和下限警告电平+24 V,正常为 0 V。

③ 来自 11-2 板过荷保护、过压保护、反峰保护正常为 0 V,非正常高电平。

④ 工作电压为+15 V、−15 V。

(3)参数测试方法

分别使用万用表和示波器完成脉冲和电平测试。

① 检测由 11-6 板送来的程序方波是否正常,测试方法参考 11-2 板或 11-6 板测试方法。

② 检测由 11-3 板产生送到 11-5 板的 2 km、32 km 触发脉冲是否正常,测试方法参考 11-3 板测试方法。

③ 检测由 11-3 板产生发射触发脉冲是否正常,测试方法参考 11-3 板测试方法。

④ 气象电码解码录取,该信号是由中频通道盒解调产生先送 11-1 板,之后再送到 11-5 板,经过解码后录取实时观测的温度、湿度、气压三个数据。测试方法参考 11-1 板测试方法。

⑤ 方位仰角驱动工作电压,如果方位仰角驱动打开,且输出电压正常,可以使用万用表测得 XS1 端口的 9 脚(仰角)、13 脚(方位)的电压为+24 V,工作异常测得电压 0 V。

⑥ 方位仰角驱动报警指示,如果方位仰角驱动存在故障报警,可以使用万用表测得 XS1 端口的 8 脚(仰角)、12 脚(方位)。一般方位仰角故障报警类别为 16♯过载、22♯连接线开路、26♯过速,当存在这类故障时可以用万用表测得 XS1 端口的 8 脚(仰角)、12 脚(方位)电压值为 3.6 V,伺服驱动工作正常测得电压为 0 V。

⑦ 仰角限位,当天线仰角转动范围不在−6°~92°时,产生上、下限位电压阻止天线上下转动。将天线分别转动到上、下限位角度,使用万用表分别测 XS1 端口的 10 脚(上限位,超过 92°)、11 脚(下限位,超过−6°)电压为+24 V,仰角在−6°~92°方位内,测得电压为 0 V。

5.4.6 天控(11-6 板)测试

(1)主要作用

产生程序方波,并通过汇流环送到和差环 PIN 开关管套上,在程序方波的控制下分别读取来自11-1板角度信号,即方位左右、仰角上下天线信号差值,根据信号差值的大小和相位换算出驱动伺服电机电压和方向信号来驱动天线的转动,以使天线处于自动跟踪方式。如果在手动方式下转动天线,则是将天馈手动盒手柄拨动的方向和位置大小换算成驱动伺服电机的电压和方向信号来驱动天线的转动。

(2) 主要参数

① 程序方波,脉宽 5 ms,频率 50 Hz,高电平为 5 V。

② 方位、仰角零速度值为 0 V。

③ 方位、仰角转动方向为 0~±5 V,其中"±"代表方向,方位:负表示左、正表示右,仰角:负表示下、正表示上。

(3) 参数测试方法

分别使用万用表和示波器完成程序方波和方位仰角零速度和转动方向电平测试。

① 程序方波。该波形由 D4 芯片产生,分别送 11-5 板和测角显示 11-2 板,同时该波形经过两级放大(三极管 V1 和 V2 放大上方波、V5 和 V6 放大下方波、V3 和 V4 放大左方波、V7 和 V8 放大右方波)送到和差箱中 PIN 开关上。图 5.55 是程序方波产生图。

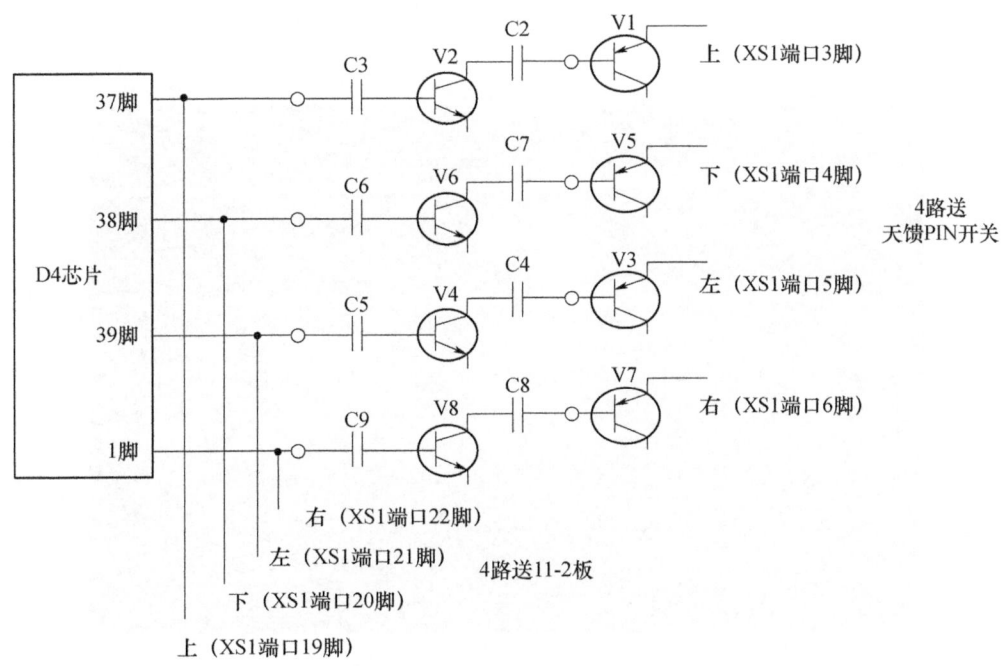

图 5.55 程序方波产生图

a) 测试 D4 芯片 37、38、39、1 脚产生程序方波(直接送 11-5 板和 11-2 板),使用示波器探头分别接到 XS1 端口 19、20、21、22 脚测得程序方波上、下、左、右波形。本次测得波形如图 5.56 所示。

b) 测试由 D4 芯片分别送到三极管 V1 和 V2 放大上方波、V5 和 V6 放大下方波、V3 和 V4 放大左方波、V7 和 V8 放大右方波后的波形(该波形输出到和差箱 PIN 开关上),使用示波器探头分别接到 XS1 端口 3、4、5、6 脚测得程序方波上、下、左、右波形。该波形是负脉冲方波,幅度为 7 V 左右。本次测得波形如图 5.57 所示。

c) 程序方波零位电压调整。调整方法:使用示波器测量在 D14LM158 芯片的 1 脚(上下方波

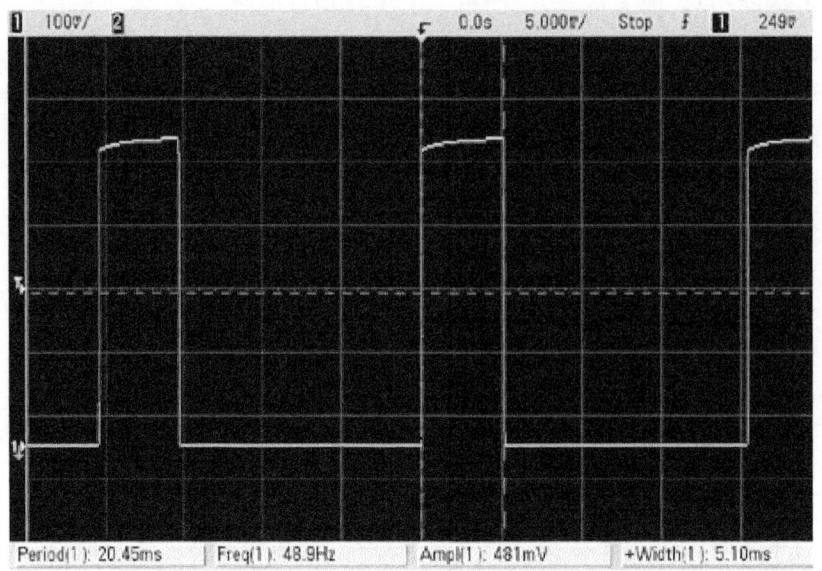

图 5.56 D4 芯片产生程序方波送 11-2 板

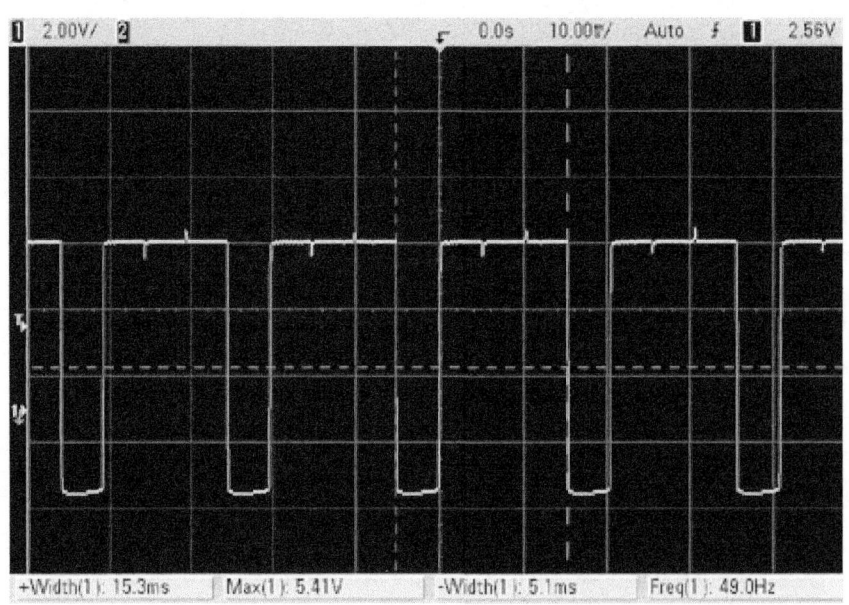

图 5.57 D4 芯片产生程序方波经过放大后的负脉冲方波

零位),观察零位电压线,如果不在中间位置,可以调整 RP2 可变电阻,直到观察到示波器零位电压线在中间位置。使用示波器测量在 D14LM158 芯片的 7 脚(左右方波零位),观察零位电压线,如果不在中间位置,可以调整 RP5 可变电阻,直到观察到示波器零位电压线在中间位置。

② 角跟踪信号。该信号是由 11-1 板送来的,该信号携带角度差和相位信息,将该信息转换提取处理成方位仰角速度电压信号,直接送到方位仰角驱动器上。测试该信号表明该信号是否送来,测试办法和波形与 11-1 板相同。

③ 探空电码。该信号由 11-1 板送来,测试办法和波形与 11-1 板相同。

④ 自动/手动遥控。该电平信号可表明当前天控是手控还是自动控制。使用万用表测量

XS2 端口的 17 脚。本次测得手动为 0 V,自动为 5 V。

⑤ 方位仰角速度。使用电压大小和正负分别表示天线转动速度和方向。使用万用表测量 XS9 端口测得仰角速度,测量 XS14 端口测得方位角速度。本次测得方位增大为 −8 V,方位减小为 +8 V;仰角增大为 +8 V,仰角减小为 −8 V。

5.4.7 仰角、方位轴角转换(11-7 板、11-8 板)测试

(1) 主要作用

通过同步轮带动方位仰角精、粗自整角机(精、粗转速比 36:1)输出代表当前天线几何位置的三相模拟电压,通过线缆传送到 11-7 板(仰角 E)和 11-8 板(方位 A)进行轴角数据转换成十进制编码,再经过粗、精搭配和零点标定可以读取方位、仰角读数,并通过数据终端(11-4 板)送计算机显示。

(2) 主要参数

① 同步自整角机工作电压为 110 V,由 11-7 板、11-8 板电压提供。

② 同步自整角机输出三相(3 个端子 D1、D2、D3)频率为 50 Hz、幅度为 170 V 的正弦信号到 11-7 板和 11-8 板上。

③ 11-7 板、11-8 板工作电压为 +15 V、−15 V。

(3) 参数测试方法

① 同步自整角机端口 Z1 和 Z2 工作电压为 110 V(交流),对应到 11-7 板和 11-8 板管脚 4、5。

② 同步自整角机输出三相正弦信号 D1、D2、D3,输出到 11-7 板、11-8 板的 C1、C2、C3(包括精、粗)。在测量时要适当衰减,且要注意不要碰到其他管脚。测量步骤如下(11-7 板和 11-8 板测试方法一致):

a) 同步机工作电压,使用万用表电压挡测量 XS1 脚 4、5 的电压,本次测量值为 114 V(交流);

b) 同步机当前角度电压波形,将示波器探头接到 11-7 板(11-8 板)XS1 端口的 10、11、12 脚(粗同步机),一边用天控手动盒匀速转动仰角(或方位),一边观察示波器波形的变化,正弦波形的幅度和相位随着天线的转动也在变化,其中 XS1 端口的 10、11、12 脚波形变化不同(相位)。图 5.58 为同步机输出的角度波形图。

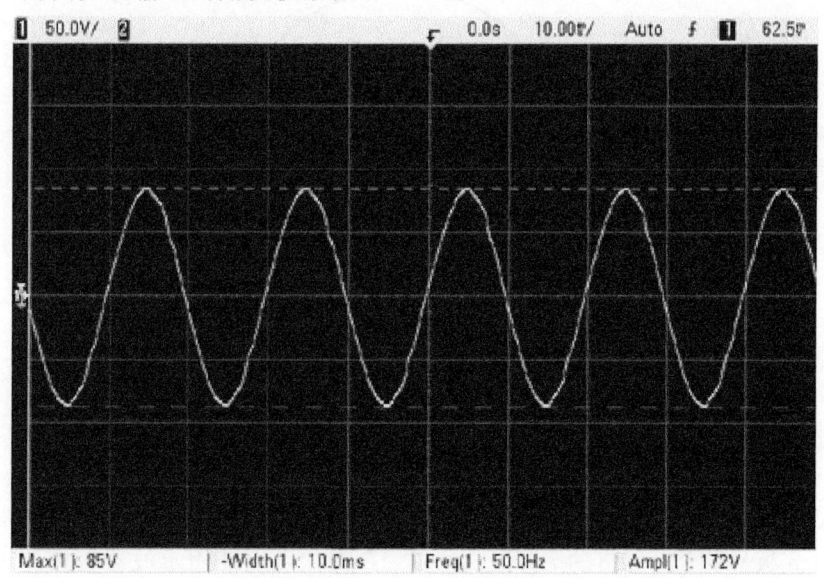

图 5.58 同步机输出三相正弦信号波形图

5.5 伺服分系统测试

L波段探空雷达伺服系统主要由电机、伺服驱动器、同步机等组成。

5.5.1 电机测试

(1)定子绕组与接地(电机外壳)短路

用500 V兆欧表检查电机U、V、W对电机外壳绝缘电阻,正常值$\geqslant 2$ MΩ。如果测量值小于2 MΩ,可能定子绕组与地之间发生短路。

(2)定子绕组相间短路

用500 V兆欧表检查电机U、V、W之间绝缘电阻,正常值$\geqslant 2$ MΩ。如果测量值小于2 MΩ,可能定子绕组相互间发生短路。

5.5.2 驱动器

(1)工作电压为+24 V。按照驱动器示意图测量。

(2)驱动器故障的代码

打开伺服驱动器(俯仰或方位),驱动器数码管显示故障代码,每个报警代码分别对应的报警信息为:16♯表示过载;26♯表示过速;22♯表示连接线有问题。当出现16♯、26♯报警代码时,应该检查电机,电机可能已经损坏。当出现26♯报警代码时,应该检查电机输出线。13♯主电源欠压保护,可能是驱动器电源输入L1、L2、L3电源欠压引起的。

5.5.3 同步机

图5.59是同步机的接线端子示意图。其中Z1和Z2端子是同步机工作电压,C1、C2、C3三个端子为励磁电压输出端,中间是转子。

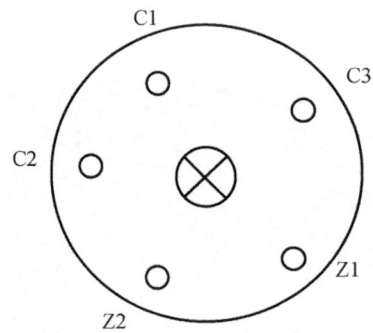

图5.59 同步机接线端子示意图

(1)工作电压

同步机Z1、Z2两个端子使用的是110 V交流工作电压,用万用表可以测量。

(2)输出到11-7板和11-8板上三相模拟天线角度电压信号

同步机C1、C2、C3三个端子,当天线方位或仰角转动时,三个端子输出正弦波形分别送到11-7板(或11-8板)的XS1端口的7、8、9、10、11、12脚。可以使用示波器直接测试。正常情况下测试波形同测试11-7板、11-8板所测得图5.58所示相同。

5.5.4 伺服驱动器故障报警处理

(1)12#故障,即电源过压报警指示,主要解决办法:使用万用表测量驱动器输入电压 L1、L2、L3 线间电压,如果 L1、L2、L3 线间电压较高,则更换电源,如果 L1、L2、L3 线间电压正常,则更换驱动器。

(2)13#故障,即电源欠压保护指示,主要解决办法:使用万用表测量驱动器输入电压 L1、L2、L3 线间电压,如果 L1、L2、L3 线间电压较低,则更换电源,如果 L1、L2、L3 线间电压正常,则更换驱动器。

(3)14#故障,即过流保护指示,主要原因是驱动器输出负载处于短路状态。

可能的原因:①电机接线(U、V、W)之间短路;②电机接线(U、V、W)对地短路;③电机连线之间绝缘不良;④电机绕组烧毁;⑤驱动器损坏。

判断方法:①从驱动器上直接断开电机连线,再加电后如果仍然出现该故障,说明驱动器损坏;②用万用表测量电机 U、V、W 接线是否处于短路,如果是,则须更换电机;③用万用表测量电机 U、V、W 之间电阻,如果不平衡,则须更换电机;④使用摇表测量 U、V、W 对地绝缘电阻,如果阻值不正确,则须更换电机。

(4)16#故障,即过载保护,主要原因是长时间超过额定负载和转矩操作,须检查电机连线。

(5)21#和22#故障,均为编码器通信故障,检查电机到驱动器之间编码器的连接线是不是有问题,如航空插头有没有松、有没有脱焊,线如果没问题的话,则大概率是电机问题,也有可能是驱动器问题,建议用替换法来判断。

5.6 电源分系统测试

雷达整机电源在主机箱内,为雷达整机提供电源。

(1)主要参数

电源模块主要参数:$+5\pm0.2$ V、$+12\pm0.4$ V、$+15\pm0.5$ V、-15 ± 0.5 V、$+24\pm0.5$ V。

(2)测试方法

电源系统工作状态检查主要查看主机箱前端面板指示灯,如果显示为绿灯,表明雷达电源系统供电正常,否则电源系统供电不正常,直接反映出雷达故障。有些时候主机箱前端面板电源指示灯正常,但雷达工作不正常,需要打开主机箱顶盖,使用万用表测量电源输出的电压值是否在合理范围之内。特别是+5 V 电压偏低,可能导致雷达工作不稳定,此时需要将+5 V 电源电压值调整到合理范围内。

第6章　L波段探空雷达整机指标及系统关键点波形测试

6.1　发射机整机技术指标测试

主要包括测试方法、器件连接图、输出波形和参数。L波段雷达发射机指标主要为发射机频谱、中心频率、功率和脉冲包络。分别使用仪器仪表有频谱仪、示波器,附件有衰减器、检波器、同轴接入式波导、微波吸收负载、线缆等。

6.1.1　发射脉冲频谱测试

(1)仪器仪表附件准备,包括频谱仪、衰减器、同轴接入式波导和线缆。
(2)连接示意图

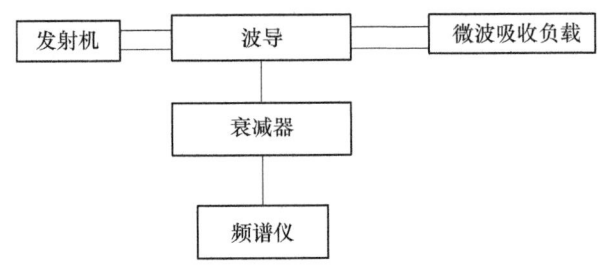

图6.1　测试发射机频谱连接示意图

(3)测试方法。L波段探空雷达工作频率为1675 MHz,中心频率为1675 MHz,雷达发射功率为15 kW,需要接入波导耦合器大概为50 dB,衰减器功率大概为10 dB。

① 打开频谱仪,按照图6.1所示连接,开启电源预热。

② 输入雷达载波频率,在仪表右侧的按钮面板上,按 Mode 键→选择 Spectrum Analysisan(屏幕右侧)→按 Preset 键→按 Freq 键→按 Centre Freq(屏幕右侧)→输入雷达中心频率 1675 MHz(在右侧面板上)。

③ 设置屏幕扫描宽度,在仪表右侧的按钮面板上,按 Span 键→选择 Span(屏幕右侧)→输入 100 MHz 频率(在右侧面板上)。

④ 设置屏幕扫描时间,在仪表右侧的按钮面板上,按 Sweep 键→选择 Sweep(屏幕右侧)→输入 1 s(在右侧面板上)。

⑤ 设置分辨率带宽,在仪表右侧的按钮面板上,按 VBW 键→选择 ResVBW(屏幕右侧)→输入 2 MHz 频率(在右侧面板上)

⑥ 设置视频带宽,在仪表右侧的按钮面板上,按 VBW 键→选择 VideoBW(屏幕右侧)→输入 2 MHz 频率(在右侧面板上)。

⑦ 读取信号峰值,在仪表右侧的按钮面板上,按 PeakSearch 键→调整参考电平到信号峰

值位置。

⑧ 设置点数,在仪表右侧的按钮面板上,按 Marker 键→选择 Mr+ Ref Lvl 键(屏幕右侧)→增加测量点数,按 Sweep 键→选择 Points(屏幕右侧)→输入 2000 点。

⑨ 设置轨迹保持,按 Trace 键→选择 Max Hold(屏幕右侧)。

⑩ 设置游标读取信号差值,按 Marker 键→选择 Delta(屏幕右侧)→调节游标分别读取左右频偏值。注意观察中频频率 1675 MHz 两面频谱对称性,有否存在接近中频谱频率附近存在功率很高的频点。

(4)输出标准波形,如图 6.2 所示。

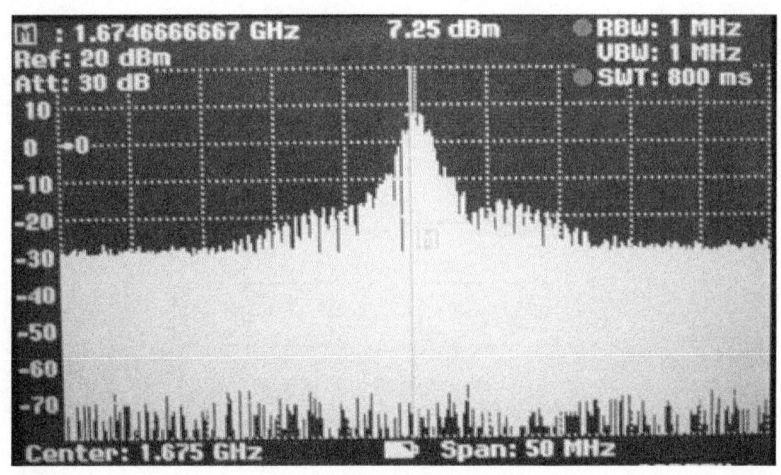

图 6.2　发射机输出频谱图

6.1.2　发射脉冲频率测试

附件配置和连接方法与 6.1.1 小节"发射脉冲频谱测试"相同,测试方法略有差别。

(1)测试方法

L 波段探空雷达工作频率为 1675 MHz,中心频率为 1675 MHz,雷达发射功率为 15 kW,需要接入波导耦合器耦合度大概为 50 dB,衰减器的衰减值大概为 10 dB。

① 打开频谱仪,按照图 6.1 所示连接,开启电源预热。

② 输入雷达载波频率,在仪表右侧的按钮面板上,按 Mode 键→选择 Spectrum Analysisan(屏幕右侧)→按 Preset 键→按 Freq 键→按 Centre Freq(屏幕右侧)→输入雷达中心频率 1675 MHz(在右侧面板上)。

③ 设置屏幕扫描宽度,在仪表右侧的按钮面板上,按 Span 键→选择 Span(屏幕右侧)→输入 100 MHz 频率(在右侧面板上)。

④ 设置屏幕扫描时间,在仪表右侧的按钮面板上,按 Sweep 键→选择 Sweep(屏幕右侧)→输入 1 s(在右侧面板上)。

⑤ 设置分辨率带宽,在仪表右侧的按钮面板上,按 VBW 键→选择 ResVBW(屏幕右侧)→输入 2 MHz 频率(在右侧面板上)

⑥ 设置视频带宽,在仪表右侧的按钮面板上,按 VBW 键→选择 VideoBW(屏幕右侧)→输入 2 MHz 频率(在右侧面板上)。

⑦ 在仪表右侧的按钮面板上,按 PeakSearch 键→调整参考电平到信号峰值位置,读取当

前频点频率。

(2)输出频率

本次实际测得发射机输出载波频率 $F=1.674666\text{ GHz}$。

6.1.3 发射脉冲功率测试

(1)仪器仪表附件准备

包括功率计、平均功率探头、衰减器、同轴接入式波导和线缆。注意:测量发射机功率时需要对功率计进行校准。

(2)连接示意图(图6.3)

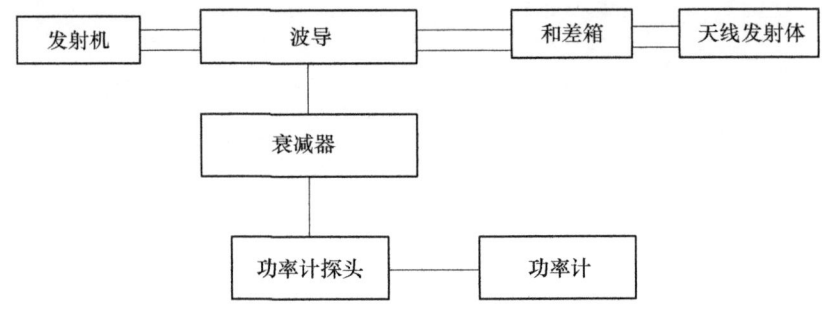

图6.3 测试发射机功率连接示意图

(3)功率计校准

探头与功率连接图见图6.4。

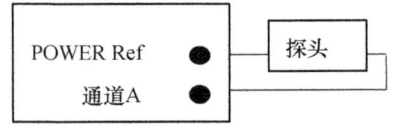

图6.4 探头校准连接图

① 功率计预制,按 Preset 键→按 Conform(屏幕右侧)→读取功率计参考校准因子(在功率计探头上,一般在探头型号下面的第一行,如99.9%)→按 Zero Cal 键→选择 Ref C Factor(屏幕右侧,参考校准因子)→输入99.9%→将功率探头连接到 POWER Ref 输出口。

② 功率计校准,按 Zero 键(屏幕右侧,功率计调零,等待一段时间)→按 Cal 键(屏幕右侧,探头校准,等待一段时间)→按 Zero Cal 键(验证校准结果)→选择 Power Ref 输出(屏幕右侧)→选择 Power Ref On(屏幕右侧,打开内部参考电平)→屏幕显示-0.0 dBm→选择 Power Ref Off(屏幕右侧,关闭内部参考电平)。

(4)发射功率测量

① 在功率计探头上读取1675 MHz频率校准因子。

② 输入功率探头的频率和校准因子,按 Frequency 键→选择 Freq 输入1675 MHz(屏幕右侧)(E93系列的探头校准因子自动从探头 EROM 读入)。

③ 按图6.3所示连接功率计到发射机耦合器波导口,按 System 键(屏幕下方,最左边)→选择 Input Setting(屏幕右侧)→选择 Offset On(屏幕右侧)→输入 Offset 值(损耗总功率,单位 dB)。

④ 将平均功率转换为峰值功率,按 System 键(屏幕下方,最左边)→选择 Input Setting(屏幕右侧)→切换显示页面(屏幕右侧,最下方按钮)→选择 Duty Cycle On(屏幕右侧)→输入占空比 Duty Cycle(单位%)。

注:占空比是高电平所占周期时间与整个周期时间的比值。在计算时要注意单位,脉宽 τ、周期 T 的单位都为 s,频率的单位为 Hz,例如,脉宽 $\tau=1~\mu s=0.001~ms=10^{-6}~s$,频率 $f=1000~Hz$,周期 $T=1/f=0.001~s$,占空比 $=\tau/T \times 100\% = 10^{-3} \times 100\% = 0.1\%$。

(5)输出发射机功率。

实际测量功率 4 kW 左右。

6.1.4 发射脉冲包络波形测试

(1)仪器仪表附件准备。包括示波器、衰减器、检波器、同轴接入式波导和线缆。

(2)连接示意图。连接示意图如图 6.5 所示。

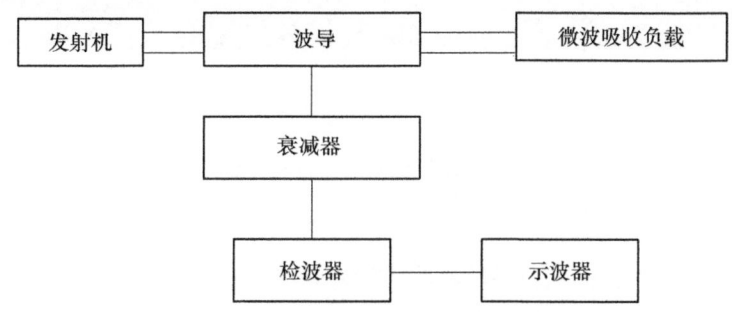

图 6.5 发射机脉冲包络检波示意图

(3)参数测量

① 测量上升沿。a)选择通道按钮 1→b)选择按钮阻抗 50 Ω→c)选择按钮 Auto Scale→d)选择时基旋钮(1 μs/每格,面板最右上角旋钮)→e)选择按钮 Quick Meas→f)选择测量参数(屏幕下方,左二按钮)→g)选择按钮 Rise Time(菜单按钮)测量上升沿→h)选择测量按钮 Measure Rise。

② 测量下降沿。仪表按钮选择 a)~f)步骤与测量上升沿相同,g)选择按钮 Fall Time(菜单按钮)测量下降沿(调节旋钮,面板上亮绿箭头圆线下方按钮)→h)选择测量按钮 Measure Fall。

③ 测量顶降。仪表按钮选择 a)~f)步骤与测量上升沿相同,g)选择按钮 Over Shoot(调节旋钮,面板上亮绿箭头圆线下方按钮)测量顶降→h)选择测量按钮 Measure Over。

④ 测量脉宽。仪表按钮选择 a)~f)步骤与测量上升沿相同,g)选择按钮+Width(调节旋钮,面板上亮绿箭头圆线下方按钮)测量脉宽→h)选择测量按钮 Measure+Width。

⑤ 读取测量数据。仪表按钮选择,选择面板按钮 Label→屏幕显示 Rise、Fall、Over、+Width 等读数。本次测得脉宽=682 ns,上升沿=18 ns,下降沿=130 ns。

⑥ 发射机输出脉冲检波波形,如图 6.6 所示。

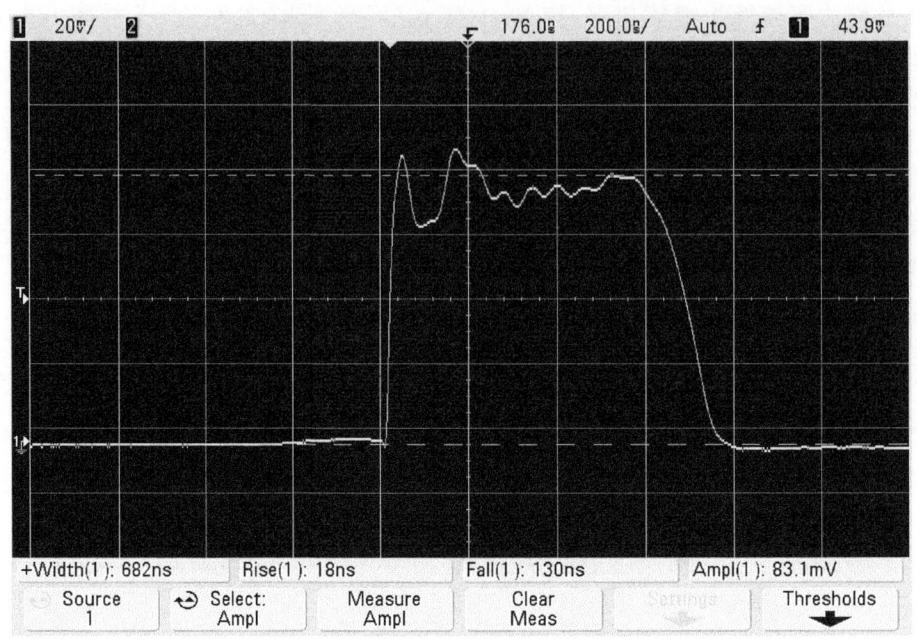

图 6.6 发射机输出脉冲检波波形

6.2 接收系统整机指标测试

L 波段探空雷达接收机主要技术指标包括接收通道总增益、中频带宽、灵敏度、自动和手动增益范围(AGC)、自动和手动频率跟踪范围(AFC)。

6.2.1 接收通道总增益测试

(1)仪器仪表附件准备,包括信号源、频谱仪、线缆。

(2)线缆连接示意图

按照图 6.7 所示连接各种器件,信号源输出信号接到前置高放的输入端,但必须注意信号源输入信号不能大于 −50 dBm,信号频率为 1675 MHz。频谱仪输入端与高频组件中频信号 30 MHz 输出端子连接。

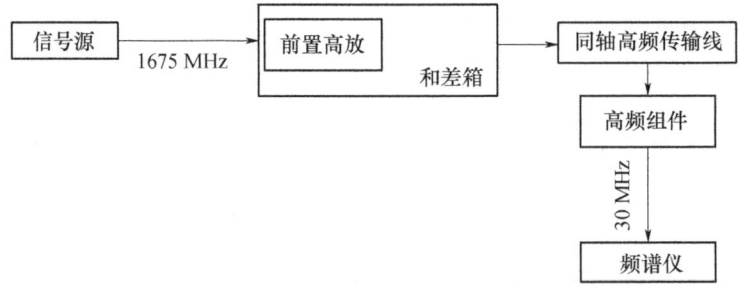

图 6.7 接收通道总增益测试连接图

(3)测试方法

① 打开机外信号源,设置频率为 1675 MHz,波形为连续正弦波,功率为 −50 dBm,将信

第6章　L波段探空雷达整机指标及系统关键点波形测试

号源输出信号注入和差箱前置高放输入口。

② 打开频谱仪,按照图 6.7 所示连接,开启电源预热。

③ 输入频率,在仪表右侧的按钮面板上,按 Mode 键→选择 Spectrum Analysisan(屏幕右侧)→按 Preset 键→按 Freq 键→按 Centre Freq(屏幕右侧)→输入雷达中心频率 30 MHz(在右侧面板上)。

④ 设置屏幕扫描宽度,在仪表右侧的按钮面板上,按 Span 键→选择 Span(屏幕右侧)→输入 100 MHz 频率(在右侧面板上)。

⑤ 设置屏幕扫描时间,在仪表右侧的按钮面板上,按 Sweep 键→选择 Sweep(屏幕右侧)→输入 1 s(在右侧面板上)。

⑥ 设置分辨率带宽,在仪表右侧的按钮面板上,按 VBW 键→选择 ResVBW(屏幕右侧)→输入 2 MHz 频率(在右侧面板上)。

⑦ 设置视频带宽,在仪表右侧的按钮面板上,按 VBW 键→选择 VideoBW(屏幕右侧)→输入 2 MHz 频率(在右侧面板上)。

⑧ 读取信号峰值,在仪表右侧的按钮面板上,按 PeakSearch 键→调整参考电平到信号峰值位置。

⑨ 根据信号输出的信号功率值与步骤⑧读取的功率进行差值计算即为接收系统总增益。

6.2.2　接收灵敏度(最小可测功率)测试

(1)仪器仪表附件准备,包括信号源、频谱仪、线缆。

(2)线缆连接示意图与图 6.7 相同。

(3)测试方法

① 打开机外信号源,设置频率为 1675 MHz,波形为连续正弦波,功率为 −120 dBm,将信号源输出信号注入和差箱前置高放输入口。

② 打开频谱仪,按照图 6.7 所示连接,开启电源预热。

③ 输入频率,在仪表右侧的按钮面板上,按 Mode 键→选择 Spectrum Analysisan(屏幕右侧)→按 Preset 键→按 Freq 键→按 Centre Freq(屏幕右侧)→输入雷达中心频率 30 MHz(在右侧面板上)。

④ 设置屏幕扫描宽度,在仪表右侧的按钮面板上,按 Span 键→选择 Span(屏幕右侧)→输入 100 MHz 频率(在右侧面板上)。

⑤ 设置屏幕扫描时间,在仪表右侧的按钮面板上,按 Sweep 键→选择 Sweep(屏幕右侧)→输入 1 s(在右侧面板上)。

⑥ 设置分辨率带宽,在仪表右侧的按钮面板上,按 VBW 键→选择 ResVBW(屏幕右侧)→输入 2 MHz 频率(在右侧面板上)。

⑦ 设置视频带宽,在仪表右侧的按钮面板上,按 VBW 键→选择 VideoBW(屏幕右侧)→输入 2 MHz 频率(在右侧面板上)。

⑧ 读取信号峰值,在仪表右侧的按钮面板上,按 PeakSearch 键→调整参考电平到信号峰值位置。

⑨ 将信号源输出慢速调小,在频谱仪上观察输出信号,信号从噪声中发现时的输入信号源功率为最小可测信号功率,也即接收机灵敏度。

6.2.3 接收机带宽测试

(1)仪器仪表附件准备,包括信号源、频谱仪、线缆。

(2)线缆连接示意图与图 6.7 相同。

(3)测试说明

雷达接收机带宽一般指中频匹配带宽,表现接收机的中频输出特性。中频带宽一般用 3 dB 带宽表示,是指接收机中心频率功率下降 3 dB 时所对应的频率宽度范围,常用符号 $B_{0.7}$ 表示。接收机的带宽大小将影响接收机输出信号的信噪比和保真度。带宽太窄,输出脉冲信号会产生波形失真,影响雷达的测距精度和距离分辨率;带宽太宽,则影响接收机灵敏度。为了保证接收机输出信噪比最大,接收机带宽必须与接收机信号相匹配,以实现最佳滤波,图 6.8 为接收机幅频特性曲线图,接收机带宽 $B_{0.7}=f_H-f_L$。

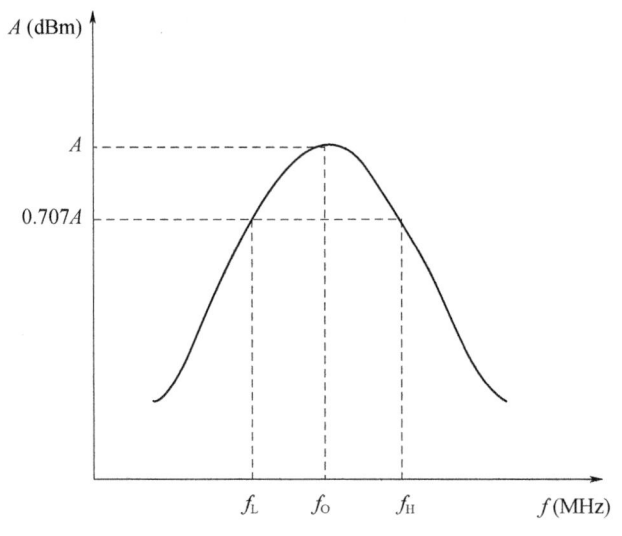

图 6.8 接收机幅频特性曲线

(4)测试方法

① 按照图 6.7 所示连接,打开机外信号源,设置频率为 1675 MHz,波形为连续正弦波,功率为 −50 dBm,将信号源输出信号注入和差箱前置高放输入口。

② 打开频谱仪,开启电源预热后。

③ 输入频率,在仪表右侧的按钮面板上,按 Mode 键→选择 Spectrum Analysisan(屏幕右侧)→按 Preset 键→按 Freq 键→按 Centre Freq(屏幕右侧)→输入雷达中心频率 30 MHz(在右侧面板上)。

④ 设置屏幕扫描宽度,在仪表右侧的按钮面板上,按 Span 键→选择 Span(屏幕右侧)→输入 100 MHz 频率(在右侧面板上)。

⑤ 设置屏幕扫描时间,在仪表右侧的按钮面板上,按 Sweep 键→选择 Sweep(屏幕右侧)→输入 1 s(在右侧面板上)。

⑥ 设置分辨率带宽,在仪表右侧的按钮面板上,按 VBW 键→选择 ResVBW(屏幕右侧)→输入 2 MHz 频率(在右侧面板上)。

⑦ 设置视频带宽,在仪表右侧的按钮面板上,按 VBW 键→选择 VideoBW(屏幕右侧)→输入 2 MHz 频率(在右侧面板上)。

⑧ 读取信号峰值,在仪表右侧的按钮面板上,按 PeakSearch 键→调整参考电平到信号峰值位置,记录该峰值功率值和中心频率值 f_0。

⑨ 在保证信号源输出功率不变的情况下,从中心频率开始慢速调小(左偏离中心频率),同时观察频谱仪输出,当频谱仪输出功率下降了 3 dB 时的信号源输出频率为 f_L;在保证信号源输出功率不变的情况下,从中心频率开始慢速调小(右偏离中心频率),同时观察频谱仪输出,当频谱仪输出功率下降了 3 dB 时的信号源输出频率为 f_H,接收机带宽 $B_{0.7}=f_H-f_L$。

6.3 雷达系统关键点波形及参数检查

6.3.1 发射分系统

(1)11-3 板产生发射触发脉冲

11-3 板产生的发射脉冲送到发射机(默认为大发射机,大、小发射机同时只能选一个),如果没有发射脉冲,大、小发射机都不能正常工作。正常为波形频率 600 Hz、脉宽 1.5 μs、幅度 500 mV 的方波。

(2)晶闸管触发极脉冲

11-3 板产生的发射脉冲经过发射机电路板上 D2 和 D3 芯片整形和放大的发射脉冲加载到晶闸管上。正常为波形频率 600 Hz、脉宽 3.5 μs、幅度 3.5 V 的方波。

(3)发射机(大)直流高压电压

当主机箱发射机电源打开,终端界面"高压"按钮打开,发射机将 220 V 交流电整流后加载到 LC 充电仿真线上。为了安全起见,选择降压电阻测试直流电压,测试点为分压电阻 R8 上电压,正常为 358 V。如果分压电阻 R8 上电压不正常,表明整流电路出现故障。

(4)磁控管电流

通过测量磁控管输出的电流,可以判断磁控管工作状态,在半高压状态磁控管电流为 2 V,全高压为 3 V。

(5)发射机关键器件参数

① 晶闸管。正常情况下阳极与阴极之间电阻为无穷大;触发极与阴极之间电阻几十欧姆,否则有可能晶闸管被损坏,因此在测量时卸下晶闸管管脚。

② 充电电容。卸下充电电容(必须卸下测量),如果两极之间的电阻为无穷大,表明充电电容工作正常,否则可能充电电容击穿了。出现充电电容被击穿的现象时,高压加载时间很短后高压便很快掉下,发射机不能工作。

(6)发射机检波波形

使用示波器和检波器(需要 10 dB 衰减器)在磁控管的输出端测得检波波形,若波形参数为频率 600 Hz、脉宽≤0.8 μs、上升沿≤30 ns、下降沿≤150 ns 的方波,表明发射机工作正常。

6.3.2 接收分系统

(1)前置高放前端频谱及参数

前置高放是 L 波段雷达低噪声放大器,增益≥15 dB,信噪比≥50 dB,输入信号为正弦信号时,输出频谱图单频谱如图 6.9 所示。如果输入一个正弦信号,输出的增益、信噪比和频谱图都不符合要求,则表明前置高放中低噪声放大器存在故障。

(2)高频组件高、中频输出频谱及参数

高频组件：高频增益≥28～30 dB,中频增益≥32～34 dB,高频信噪比≥28 dB,中频信噪比≥60 dB。

① 高频部分,从高频输入端正弦信号(1675 MHz),观察高频输出信号,一方面观察高频部分的增益,另一方面检查高频输出频谱输出图。如果高频增益、信噪比或频谱存在问题,则检查高放部分。

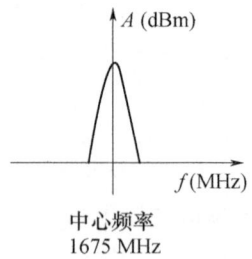

图 6.9　前置高放输出频谱图

② 中频部分,如果检查高频正常,从高频输入端正弦信号(1675 MHz),观察中频输出信号(30 MHz),将高频信号经过混频后输出 30 MHz,一方面观察中频增益,另一方面观察中频信噪比和中频频谱,另外,要观察中频频谱中心频率,中心频率不要偏离频率 3 MHz。如果中频增益存在问题,检查中频放大部分;如果中频信噪比存在问题,则检查中频滤波匹配滤波器;如果中心频率偏移太多,则检查本振晶体振荡器。

(3)角度信号波形

从中频通道盒输出送 11-1 板,频率为 800 kHz,如果该波形存在问题,检查中频通道盒功分器角信号那一路,同时检查气象电码那一路信号,如果气象电码信号也不正常,则检查功分器,否则检查 800 kHz 通道。具体检查方法及标准波形见 11-1 板测试方法。

(4)测距信号波形

从中频通道盒输出送 11-3 板,频率为 800 kHz,该信号是中频通道盒将中频信号经过功分器分成测距信号一路,如果测距波形不正常,检查测距信号一路 800 kHz 通道。具体检查方法及标准波形见 11-3 板测试方法。

(5)气象电码波形

从中频通道盒输出送 11-1 板再送 11-5 板,该信号的角信号那一路,如果该波形存在问题,应该检查 800 kHz 通道。具体检查办法及标准波形见 11-1 板测试方法。

(6)角度跟踪信号

从中频通道盒输出送 11-1 板再送 11-6 板。如果该信号出现问题,首先检查中频通道盒输出送 11-1 板的角信号波形,如果角信号正常,则进一步检查 11-1 板角信号处理部分。具体检查方法及标准波形见 11-1 板测试方法。

6.3.3　测距

(1)晶体振荡频率

11-3 板测距计数器的信号是频率为 37.74 MHz 的正弦波形,若测距工作不正常,需要检查频率和频谱,可能 11-3 板晶体振荡器出现故障,具体检查方法及标准波形见 11-3 板测试方法。

(2)跟踪波门脉冲方波

前、后波门脉冲方波是距离跟踪关键波形,前波门方波是频率 600 Hz、脉宽 1.28 μs、幅度 400 mV 的方波。如果距离跟踪出现问题,在发射触发脉冲和 11-3 板晶体振荡器正常情况下,应该检查跟踪脉冲和前后波门,具体检查办法及标准波形见 11-3 板测试方法。

6.3.4　天控系统

天控系统的程序方波由 11-6 板产生,该波形由 D4 芯片产生,经过两级放大(三极管 V1

和 V2 放大上方波，V5 和 V6 放大下方波，V3 和 V4 放大左方波，V7 和 V8 放大右方波）后变为负脉冲，送到和差箱中 PIN 开关上。脉冲产生频率为 50 Hz、脉宽 50 ms、幅度 −5 V，如果程序方波存在问题，首先检查 D4 芯片输出的正脉冲，其次检查 V1～V8 放大管的工作状态。具体检查方法及标准波形见 11-6 板测试方法。

6.3.5 显示

（1）阶梯波形

当示波器显示输出角度信号（4 条亮线），需要在示波器 X 轴上输入阶梯波形，该阶梯波形由 11-6 板的 D4 芯片产生的正脉冲送到 11-2 板（显示控制部分），处理成阶梯波再送往示波器 X 轴。如果程序方波正常，但示波器显示不正常，则检查 11-2 板显示控制部分，具体检查办法及标准波形见 11-2 板测试方法。

（2）粗、精触发脉冲

当示波器显示输出距离跟踪信号，需要在示波器 X 轴上交替输入粗、精触发脉冲。如果距离跟踪显示不正常，则首先检查 11-2 板 X 轴交替精、粗触发脉冲波形，如果不正常，则要检查 11-3 板精、粗触发脉冲。如果 11-3 板上的精、粗触发脉冲正常，则要检查 11-2 板上将 11-3 板送来的精、粗触发脉冲处理成 X 轴交替精、粗触发脉冲波形的电路。具体检查方法及标准波形见 11-2 板测试方法。

6.3.6 天馈系统

（1）低功率天馈驻波比

在发射机关闭情况下，主要使用射频分析仪检查天线馈线至调相器、WT8 线至高频旋转关节之间阻抗匹配情况。如果这两段高频线存在阻抗失配，将导致高频传输驻波比变大，接收信号变弱，天线观测距离降低。具体检查方法和标准波形见天馈系统测试方法。

（2）高功率天馈系统驻波比

在发射机处于工作状态下，将定向耦合器串接到发射磁控管一端，使用功率计或者频谱仪测试定向耦合器入射波和反射波的功率，计算出系统驻波比。通过测量高功率天馈系统驻波比可以确定天馈系统存在漏功或打火等情况，避免天线观测降低以及接收通道阻抗适配。具体检查方法及标准波形见天馈系统测试方法。

6.4 L27-J 射频同轴连接器电缆装接方法

L 波段测风二次雷达高频传输主要采用 50 Ω 的特性阻抗。使用的连接器、适配器等分别有 L27、N、SMA、L16、L8、BNC 等多种型号，而 L27 使用在发射机端口输出至和差网络输入端口的通道上，主要与环行器、高频旋转关节等相连，是发射能量和接收高频信号的主要通道，而具有代表意义的 WT8 电缆是柔性电缆，用直式连接器电缆插针插头组合，与和差箱中环行器插孔相连，这一电缆组合是长期处于机械运动状态且裸露在外，是受到自然界各种因素影响最大的传输线，其故障发生概率较高。由于 WT8 电缆更换相对困难，特别是早期批次雷达主轴未开窗口，更换电缆尤为困难，且成本较高。为了解决这一问题，除了电缆的整体更新外，还有一种方法就是现场对 L27-J 射频同轴连接器电缆装接进行修复。修复的主要方法是剪切掉损坏部分电缆，重新加工装接，现就我们在实践中摸索的基本制作方法介绍给读者供参考（适用于 GFE(L)1 雷达所有 L27 连接器使用同一规格电缆装接)。

6.4.1 使用材料

电缆 SYV-50-7-1,根据实际需要的长度截取;直式连接器 L27-J 一个;铝箔 5 cm 左右见方 1 块备用。

6.4.2 工具

(1)电烙铁、焊锡丝、松香液等;
(2)电缆切割刀具(也可使用美工刀)1 把;
(3)袖珍台虎钳 1 个;
(4)呆扳手 17 mm、18 mm 各 1 只(也可用开口较薄的活扳手);
(5)鲤鱼钳 1 把;
(6)高频插头专用工具 1 套。

6.4.3 连接器分解

(1)大螺帽拆卸。逆时针旋出插头连接帽。
(2)插头前部外导体插口拆解。一端用 18 mm 呆扳手卡住插头尾部平面(也可用手捏住连接器外部),另一端用丁字形专用工具卡住插头外导体缺口逆时针旋出插头外导体。
(3)插头内外导体介质材料拆解。用美工刀或较薄的平口起子撬开白色介质,注意:介质是一端有切口、另一端相连、中间包裹内导体插头芯的两个半圆聚四氟乙烯塑料片,嵌入在圆槽内,该介质是分解中的难点,应小心避免划伤手指。考虑到接口重做,建议:为了防止 L27 接口中的介质材料损坏,用尖嘴钳或钢丝钳咬住接口内芯插头沿一个方向旋转,使电缆内导体铜线断裂,这样介质片、凹形垫与插头芯可一同从连接器外套中退出。退出后再将内导体插头从介质中分离出来。
(4)插头后部分解。用呆扳手或活扳手分别卡住插头外套尾部(18 mm)平面,用 17 mm 呆扳手拧松尾部六方螺母,依次将六方螺母→电缆外皮卡套→防水橡胶垫圈→外导体→内导体插芯→同从插头外套中向后抽出。

6.4.4 连接器的装接

(1)连接器的预装(现场修复此项忽略)。按照拆解的反向顺序依次将连接器的六方螺母→电缆外皮卡套→防水橡胶垫→外组合套(含外连接螺套)穿入电缆。
(2)电缆剥线要求。按照 L27-J 连接器组装的线缆特性(图 6.10),进行电缆外皮剥离 28 mm→介质剥离 9 mm。

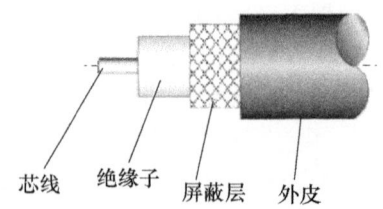

图 6.10　L27-J 射频同轴线缆结构图

第7章 L波段探空雷达备份接收系统维护维修测试

7.1 概　述

GTC2型L波段探空数据接收机是GFE(L)1型二次测风雷达的备份设备,它采用定向八木天线接收电子探空仪传感器发送的温度、湿度、气压三个数据信号,并同时结合电子经纬仪跟踪气球完成测风,进而完成GFE(L)1型二次测风雷达的基本功能。

GTC2型L波段探空数据接收机与L波段探空雷达数据接收、处理的技术相同,接收机收到的数据经过解调输出气象电码,同时与电子经纬跟踪气球的方位、仰角数据,两者结合处理后形成气象资料。最终形成的气象资料与L波段探空雷达数据接收、处理后的气象资料完全一致。因而,在L波段探空雷达工作异常情况下,GTC2型L波段探空数据接收机与电子经纬仪完全可以替代雷达,完成整个气象数据接收、处理等功能。

7.2 备份接收系统组成

GTC2型L波段探空数据接收机由室外天线装置、室内分机两部分组成。

7.2.1 室外天线装置部分

分别由2组八木天线(1组方位,左、右;1组俯仰,上、下)、高频组件(与L波段探空雷达的高频组件相同,可以互换)、伺服装置(方位齿轮和电位器,俯仰齿轮和电位器)、三角支架、30 m电缆(高频线和伺服控制线)组成。室外天线装置部分一般架设到探空业务楼楼顶比较合适,且通过预埋件与三角支架固定,或者用一个直径约1.2 m的钢化玻璃罩,将整个天线装置罩在里面,然后将钢化玻璃罩固定。

7.2.2 室内装置部分

室内装置由接收主机和计算机组成,其中接收主机中包含中频通道盒(与L波段探空雷达相同,可以互换)、气象电码数据解调、手动伺服(上、下、左、右)操作键盘等。

7.3 备份接收系统维护维修测试及故障分析

经过十几年的使用保障经验总结可知,备份接收机出现故障的种类主要包括以下几个方面,下面结合故障案例分析进行维护维修测试。

7.3.1 备份接收机信号弱

(1)故障分析

用手操作备份接收机伺服,天线可以转动,将2组八木天线对准飞行气球,但终端显示接收信号比较弱,表明接收通道可能存在故障。

① 检查天线高频组件输出口高频线缆的接头是否有松动现象。

② 检查室内接收机后端连接中频通道盒中频(30 MHz)线缆接头是否有松动现象。

③ 卸下室内主机箱中的中频通道盒,使用信号源和频谱仪,按照第5.3.3节"中频通道盒测试"方法,测试中频通道盒的增益和带宽,正常情况下增益在57～60 dB。

④ 卸下室外天线装置中高频组件(不太好卸载),使用信号源和频谱仪,按照第5.3.2节"高频组件测试"方法,测试高频组件的增益,正常情况下总增益为60～64 dB,高频增益为28～30 dB,远近增益为26～32 dB。

(2)故障处理

① 拧紧室外天线装置高频组件输出端高频线缆。

② 拧紧室内主机后端连接中频通道盒中频信号线缆。

③ 更换室内主机中频通道盒。

④ 更换室外天线装置高频组件。

7.3.2 八木天线仰角不能抬升(或降低)

故障现象为八木天线仰角不能抬升,仰角不能降低、方位不能左转或右转等故障,故障分析方法、检查方法如下。本案例结合2019年7月10日阿勒泰探空站备份接收机故障进行分析。

(1)故障分析

第一步,检查伺服控制线缆,可能仰角控制线头断开,一般室外天线装置部分线头断开的可能性大。

第二步,检查室外天线装置中仰角电位器,可能仰角电位器被烧坏,需要更换。需要卸下天线振子、高频组件等。

(2)故障处理

第一步,分别卸下室内和室外线头,一人在室内,一人在室外。在室内的人员,找一小段细小铜丝线,一头接到线头接地端子,另一头接到被测试端子(仰角控制线);在室外的人员,使用万用表电阻挡,黑表笔接线头接地端子,红表笔接被测试线头端子。最好使用步话机室内人员与室外人员同时操作。

第二步,卸下天线装置,包括天线、线缆、高频组件等,卸载步骤比较复杂,具体步骤如下。

① 拆卸天线振子及电缆。

② 拆下固定天线振子的四个螺钉,如图7.1所示,拆下振子盘。

③ 拆下固定功分器的四个螺钉,取下功分器,如图7.2所示。

④ 拆下天线底座两侧挡板的固定螺钉,用平口螺丝刀把压块撬下来,即可取下挡板,如图7.3所示。

⑤ 拆下天线底座盖板上的内六角螺钉,取下盖板。

⑥ 拆下天线座内固定天线头的两个螺钉,如图7.4所示。

⑦ 用刀刮干净天线头周围的703胶,撬起天线头(图7.5),然后拔下插头,即可取下天线头,如图7.5所示(注:取下天线头的时候注意天线头原来的安装方向,做个记号,防止后面安装的时候装反)。

⑧ 拆下固定天线齿轮的四个内六角螺钉,可取下天线头内部的齿轮部分,如图7.6所示。

⑨ 用小的平口螺丝刀把螺钉拆下来，取下小齿轮，再用尖嘴钳把螺母拆下来，如图 7.7 所示。

⑩ 取下电位器和上面的垫圈，放到新的电位器上，如图 7.8 所示。

⑪ 用电烙铁把与电位器上的三个线焊下来，并记下焊接的位置，以免安装新电位器的时候焊错线。

⑫ 按以上步骤的反向步骤把新电位器装上，装的时候把天线头的相关部位涂上 703 胶，做好防水工作(注意：在安装新电位器的时候，将天线头两侧的"耳朵"(如图 7.9 所示)转到 45°，把电位的阻值调到中间再装，电位器总共 10 圈，调至 5 圈即可)。

⑬ 全部装好后，需要把仰角的角度重新调整一下，具体调整方法如下：先把仰角转到下限位，用万用表测量分机内电路板上 LM358 的 1 头，看看是否是 0 V，如果不是就调整电位器 A 调到 0 V，然后把仰角转到上限位再测量 LM358 的 1 头，调整电位器 B 调到 5 V。接收主机电路板如图 7.10 所示。

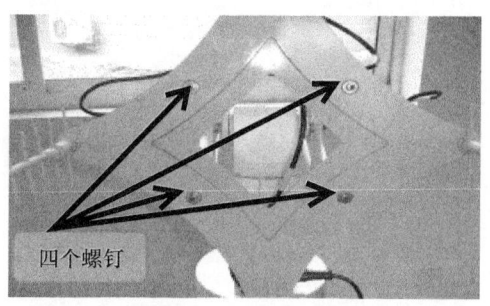

图 7.1　固定天线振子

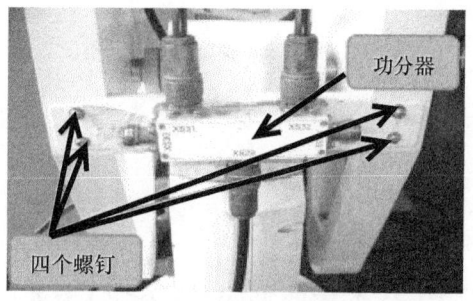

图 7.2　功分器、固定螺钉

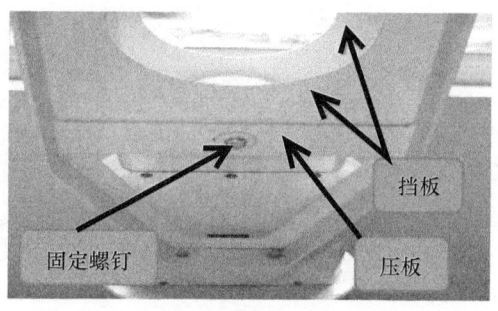

图 7.3　固定螺钉、压板、挡板

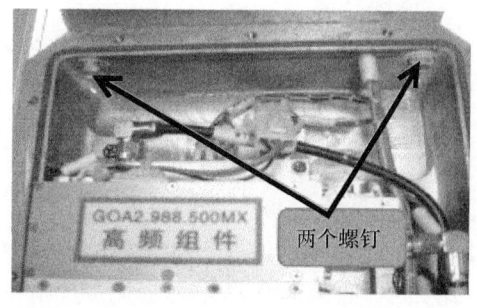

图 7.4　固定天线两个螺钉

图 7.5　天线头插座

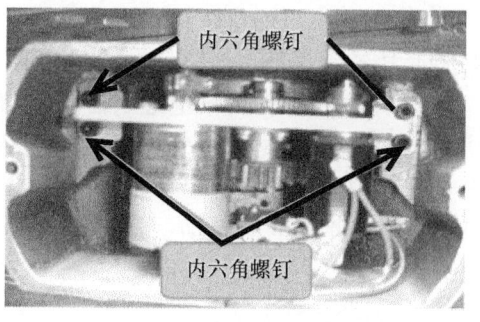

图 7.6　内六角螺钉

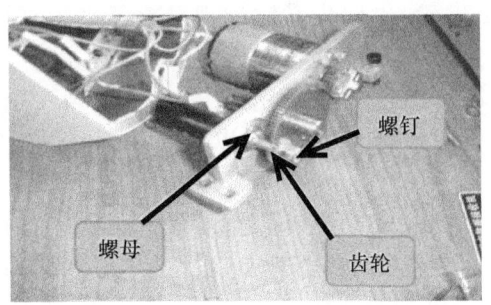

图 7.7　仰角电位器连接齿轮

图 7.8　仰角电位器上垫圈

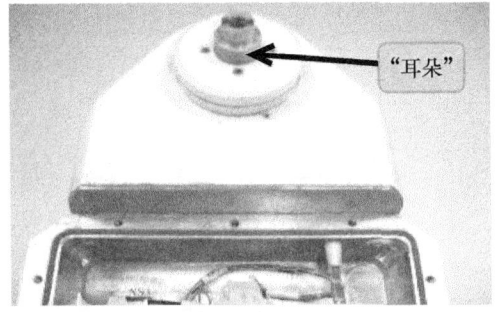

图 7.9　天线头两侧耳朵

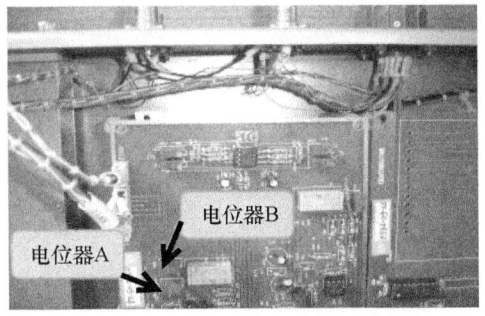

图 7.10　接收机主机电路板

7.3.3　八木天线仰角（或方位）卡死

本案例结合 2019 年 8 月 17 日和田探空站备份接收机故障进行分析。

（1）故障现象

手动主机仰角（或方位）按键，天线仰角（或方位）不能转动，且伴有比较大声音。

（2）故障分析

第一步，手动主机仰角上按键和下按键，仰角均不能转动，可能主机板上仰角按键继电器损坏，如图 7.11 所示。使用电烙铁焊下仰角继电器，观察好坏。

第二步，如果仰角继电器是好的，则可能是仰角齿轮卡死。

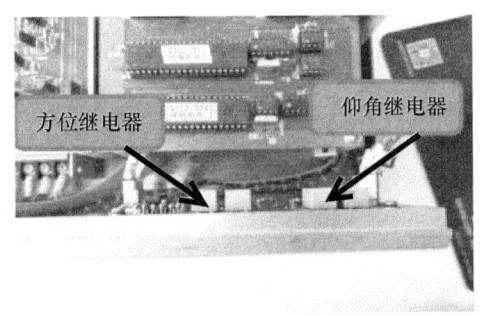

图 7.11　主机板仰角按键继电器

（3）故障处理

① 如果主机板仰角按键继电器损坏，则须更换主机仰角按键继电器。

② 如果主机板仰角按键继电器正常，则故障处理方法与 7.3.2 节"故障处理"中"第二步"中的步骤①～⑨相同，拆卸下仰角天线头，如图 7.12 所示，用手搬动齿轮，齿轮不能转动。清除灰尘，并用汽油清洗齿轮，直到可以转动为止。

③ 原路将天线安装好。

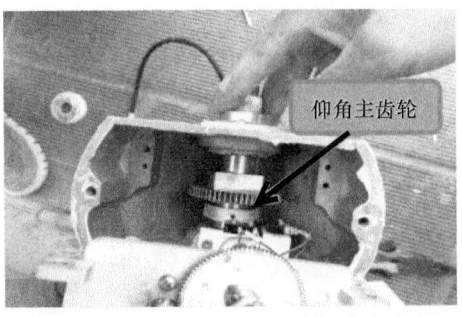

图 7.12　天线头仰主角齿轮

第8章 L波段探空雷达典型故障案例分析

2002—2008年新疆14个探空站全部装备了L波段探空雷达,雷达日常维护、巡检、故障处理工作全部由新疆气象技术装备保障中心承担。经过十几年的保障工作,新疆气象技术装备保障中心积累了丰富的维护维修保障经验和各种故障处理案例。本章从雷达发射、接收(包括天馈)、天控、伺服、整机5个方面的典型故障案例进行分析阐述。

8.1 接收分系统故障分析

8.1.1 计算机终端显示飞点多或终端显示增益偏大

本案例结合2011年8月19日喀什L波段雷达故障案例进行分析处理。

(1)故障现象

① 雷达开机后程,终端显示飞点很多。
② 计算机终端界面增益显示为155,增益有跳变。
③ 放球后程高差较大。

(2)故障分析

根据故障现象,初步判断可能高频馈线WT8线、前置高放、高频组件、中频通道盒或11-1板的某一环节出现故障。通常原则是按照顺序分别判断。

第一步,检查WT8线,WT8线安装在和差箱和雷达天线支撑轴之间,随着天线仰角和方位在转动,在转动过程中,WT8高频同轴电缆线内外导体连接线有松动,尤其外层屏蔽线脱落,高频线导体阻抗匹配发生了变化,产生高频反射波,接收信号在进入高频组件前大幅度衰减,导致终端显示增益变大。从和差箱一端拆卸WT8接头,按照顺序进行拆卸,线头屏蔽出现如图8.1所示,表明WT8射频同轴线缆接头的外导体屏蔽层已经基本脱落,需要重新制作。具体制作方法参考第6.4节。

图8.1 WT8线头屏蔽层脱落图

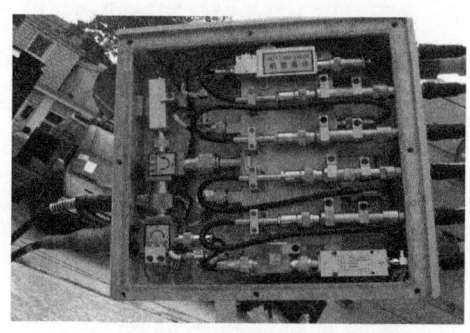

图8.2 和差箱前置高放位置图

第二步,检查和差箱前置高放输入输出线缆的线头是否松动(图8.2)。隔离器用万用表测量内芯与外芯之间的电阻,一般应该在 50 Ω 左右,检查接头完好。

第三步,检查高频组件输入线缆及接头是否有松动,或者脱落(图 8.3)。检查发现高频组件高频信号输入端 SMA 弯头有虚焊现象,需要重新焊接。

图 8.3　天线底座高频组件线头位置图　　　图 8.4　天线底座高频旋转关节短线位置图

第四步,检查主机箱中频通道盒连接线缆(在主机箱后面)是否松动或脱落。检查结果完好。

第五步,检查天线转台最下面高频旋转关键短线(见图 8.4,大约 50 cm 长),主要检查线头 L27 是否有变化。检查 L27 头正常。

第六步,检查高频组件,在没有仪表测试情况下,应更换备件。如果有仪表,可按照第 5 章 5.3.2 节方法进行测试,可以测试高频组件的增益(正常总增益大于 60 dB)。使用手持频谱仪和手持信号源测试总增益正常。

第七步,检查前置高放,在没有仪表测试情况下,应更换备件。如果有仪表,可按照第 5.3.1 节方法进行测试,可以测试前置高放增益(正常增益大于 15 dB)。使用手持频谱仪和手持信号源测试增益正常。

第八步,检查中频通道盒,在没有仪表测试情况下,应更换备件。如果有仪表,可按照第 5.3.3 节方法进行测试,可以测试前置高放增益(正常增益大于 57 dB)。使用手持频谱仪和手持信号源测试增益正常。

第九步,检查 11-1 板,初始电压偏低,模块 LM393 正常值在 6.5 V 左右,调整电位器 RP1 达到正常值。若使用示波器,可按照第 5.4.1 节方法进行测试。测试各项参数正常(角信号、角度跟踪信号、气象电码)。

(3)故障处理

① 重新制作 WT8 射频同轴线缆 L27 线头。制作方法和步骤参考第 6.4 节。

② 更换高频组件高频输入端 SMA 线。

③ 11-1 板一模块初始电压偏低造成,LM393 第 5 脚用万用表测量电压偏低,调整到 6.5 V 左右。

④ 完成以上①②③步骤后,雷达重新加电,探空仪不加电无信号时,终端显示增益在 92 左右,探空仪加电后,终端显示增益在 38~50。

⑤ 重新放球,一切正常,故障解除。

8.1.2　接收系统阻抗不匹配

本次故障分析中包括天馈线部分,结合 2010 年 12 月 30 日塔城 L 波段探空雷达故障处理。

第8章　L波段探空雷达典型故障案例分析

(1) 故障现象

① 示波器显示4根粗糙不整齐的线。

② 终端显示增益大于120。

③ 跟踪8～20 min,容易丢球。

(2) 故障分析

根据故障现象,初步确定须检查的部分有:和差箱中馈线、调相器线缆、限幅器、环形器,开关管套、VK105、WT8线缆,以及天线转台中的限幅器、环形器、高频旋转关节连接短线。

第一步,首先检查WT8线内外导体连接是否完好,经过检查内外导体连接完好。

第二步,检查VK105,分别在加电和不加电情况下进行检查。①VK105导通电阻,将VK105二极管从开关管套上卸下,将万用表打到电阻挡上,测量二极管两端的电阻,正常值应该为数百欧姆。②对地电压,在雷达主机箱加电情况下(加载程序方波),使用万用表的电压挡(直流电压10 V挡),测量VK105对地电压,正常情况下为3.5 V左右。经过检查,1个VK105有问题,需要更换。

第三步,检查和差箱前置高放输入输出馈线,如果有信号源,可以通过加载信号进行检查。如果有仪表测试,可按照第5.3.1节方法进行测试,可以测试前置高放增益(正常增益大于15 dB)。使用手持频谱仪和手持信号源测试增益正常。

第四步,检查和差箱中限幅器电平限幅情况和环形器的隔离度,使用信号源和频谱仪,按照第5.1节方法进行检查,经检查正常。

第五步,检查天线转台旋中的限幅器和环形器(发射机部分)的隔离度,使用信号源和频谱仪,按照第5.1节方法进行检查,经检查正常。

第六步,检查天线转台旋转关节高频传输线和发射机高频传输线,主要检查线头,经检查正常。

第七步,通过更换和对换限幅器、环形器和短高频传输线,最终达到接收系统阻抗匹配。更换后故障仍然存在。

第八步,检查和差箱4根调相器(见图8.5,有4根线芯,每根约10 cm长),使用万用表可以测量通、断情况,正常是连通的。使用万用表测量其中有一根时通时断,取下检查后再拧紧。重新安装和差环内置短金属线(图8.6)及4根调相器线。

图8.5　卸下4根调相器线

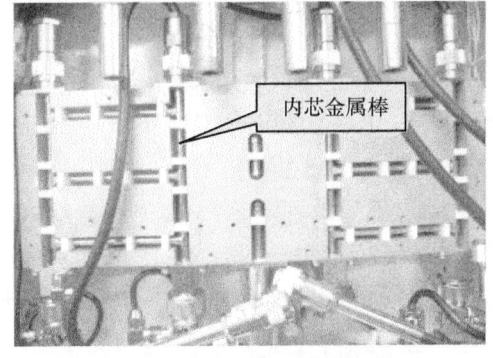

图8.6　和差环内置短金属线

(3) 故障处理

① 更换和差箱开关管套中VK105。

② 将和差箱中限幅器与天线底座中的限幅器对换。

③ 打开和差环盖子,检查4根调相器内置金属线,并拧紧。
④ 雷达重新加电,示波器四根角度跟踪线整齐。
⑤ 计算机终端界面显示增益为110左右。
⑥ 重新放球,一切正常,故障解除。

8.2 发射分系统故障分析

8.2.1 近程(小)发射机故障分析

小发射机故障处理比较简单,主要故障为示波器距离跟踪显示无凹口且不能自动跟踪,这类故障在多个台站发生过,检查处理过程如下。

(1) 故障分析

第一步,首先检查小发射机+12 V直流电源,使用万用表直流电压挡,卸下小发射机后端接线XS1头,对地测量XS1端口2脚电压。如果+12 V电压不正常,但摄像机工作正常,表明送到小发射机线路存在问题。如果摄像机工作不正常,继续往上一级检查,检查送到和差箱XS3端口7脚电压。如果+12 V电压不正常,检查汇流环7,并清除汇流环上的炭粉。如果汇流环7没有电压,则进入主机箱电源检查+12 V电源,如果正常再返回继续测量汇流环、和差箱XS3端口7脚电压、小发射机后端接线XS1端口2脚电压正常为止。

第二步,小发射机+12 V正常,使用示波器测量11-3板送来的发射触发脉冲,卸下小发射机后端接线XS1头,使用示波器探头测量XS1端口3脚的波形,正常情况波形与第5.2.2节中图5.18一致。如果发射触发波形没有,继续检查和差箱XS3端口8脚,如果发射触发脉冲还没有,继续检查汇流环8,如果汇流环8上也没有触发脉冲,则按照第5.4.3节方法,进入主机箱检查11-3板,直到小发射机XS1端口3脚触发波形正常。

第三步,如果小发射机+12 V电源和触发脉冲全部正常,小发射机仍然不能正常工作,则使用手持频谱仪检查小发射机发射射频波形是否正常。检查方法:打开手持频谱仪,设置中心频率为1675 MHz,打开小发射机,并在小发射机射频输入口插入一根长约20 cm金属丝,观察频谱仪频谱,正常波形应与第6.1节中的图6.2相同。

(2) 故障处理

① +12 V电源不正常,分别检查小发射机XS1接头和和差箱WT9接头以及汇流环7、主机箱12 V电源。判断主机箱+12 V电源是否正常,可以检查摄像机的工作状态,如果摄像机正常,就不必检查主机箱12 V电源。

② 发射触发脉冲不正常,分别检查小发射机XS1接头和和差箱WT9接头以及汇流环8、主机箱11-3板。

③ +12 V电源、发射触发脉冲均正常,而发射脉冲频谱不正常,须更换小发射机。

8.2.2 发射机(大)故障分析

8.2.2.1 打开半高压(半)开关,计算机终端界面没有电流指示

(1) 故障分析

首先检查主机11-2板、11-3板,排除主机箱原因,再检查发射机本身。

第一步,检查11-2板(管脚6),正常情况下是12 V直流电压,当打开高压(半)开关时,变

第8章 L波段探空雷达典型故障案例分析

为低电平,高压控制输出,高压开关指令是否发出,高电平为正常,如果电源不正常,这时会听到发射机上有继电器跳的声音。如果这些现象都正常,说明高压控制信号没有问题。检查时使用万用表即可以完成检查。

第二步,检查发射出发脉冲,检查 11-3 板 XS1 端口的 8 脚(大),参数为频率 600 Hz、脉宽 1.52 μs、幅度 440 mV 方波。如果没有出发脉冲,则更换 11-3 板。检查方法参考第 5.4.3 节中 11-3 板的测试方法,正常波形与图 5.45 相同。

第三步,如果主机箱 11-2 板、11-3 板工作正常,则检查发射机本身。检查发射机触发脉冲,测试加载到晶闸管上的触发脉冲。正常波形是幅度 5V、宽度 3.5 μs 的方波。按照第 5.2.2 节"发射机触发脉冲测试"方法进行,正常波形与图 5.18 相同。

第四步,检查发射机高压。打开雷达天线底座发射机盖子,按照图 8.7 找到 R8、R9、R10 测试点。在测试时必须小心不要触高压。将万用表置到电压 1000 V 直流挡,黑表笔打到发射机机壳,红表笔分别打到 R8、R9、R10 端(小心),测量 R8、R9、R10 端上电压。本次测得 R10=1.9 V (非接地端),R9=185 V(前端),R8=358 V(前端)。在终端界面上开启发射机全高压,测量 R8、R9、R10 端上电压。本次测得 R10=2 V(非接地端),R9=225 V(前端),R8=434 V(前端)。

第五步,检查高压电容(CYHM-4),按照图 8.8 大发射机人工线充电电容所示进行检查。在测量充电电容时,必须将电容拆卸下来,使用万用表电阻挡(最大挡),分别用两个表笔放置到电容(8 个蓝色电容并排)的两个极,如果万用表电阻始终显示无穷大,说明电容工作正常,否则电容工作异常。

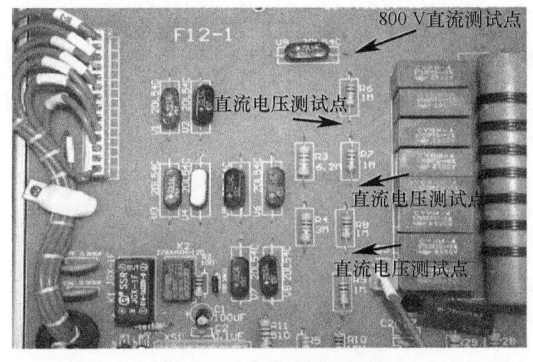

图 8.7 大发射机电路

图 8.8 大发射机人工线充电电容(8 个)

第六步,晶闸管检查,按照图 8.9 所示进行检查。将万用表的正表笔接晶闸管阳极点,负表笔接晶闸管触发极点,电表打在×10k 挡测量,测得阻值在 0.4 MΩ 左右,若晶闸管被击穿,之间短路;测量触发极与阴极即触发极与阴极两端的阻值为 40 Ω 左右(测量时将两极都拆下来后,再进行测量),若损坏,则之间阻值变得很大。3 个晶闸管的测量方法相同。

(2) 故障处理

① 经过以上检查,如果 11-2 板工作不正常,更换 11-2 板。
② 如果发射触发脉冲不正常,更换 11-3 板。
③ 如果人工线充电电容损坏,更换电容。
④ 如果晶闸管工作不正常,更换晶闸管。

经过以上处理,发射机工作正常。

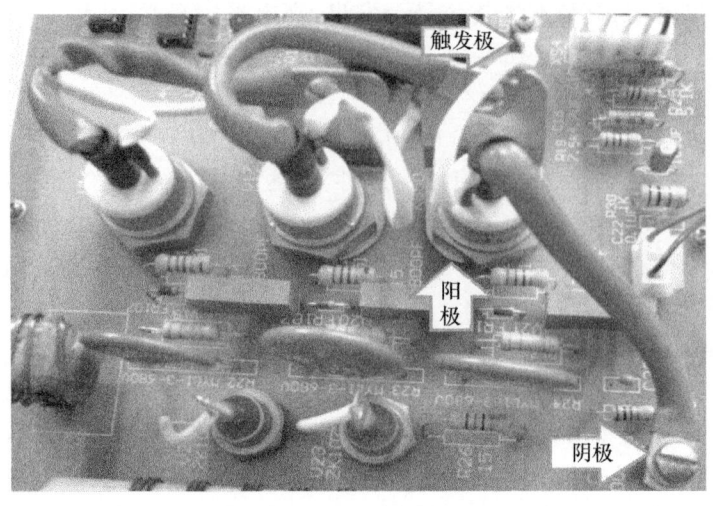

图 8.9 发射机晶闸管示意图

8.2.2.2 发射高压(半)工作正常,但计算机终端界面电流指示值偏小

(1)故障分析

发射机工作正常,但计算机终端界面电流指示值偏小。直接原因就是发射机输出功率降低了。影响发射机功率的直接原因包括人工线电压和磁控管超高频振荡输出信号的幅度。

第一步,检查大发射机人工线充电电容,如图 8.8 所示,人工线充电电容有 8 个组成,其中 1、2 电容损坏后,发射机仍然可以工作,但人工线充电电压降低了,直接导致送到脉冲变压器(在电路板下面)的初级电压降低,经过晶闸管送到磁控管阴极上的电压下降,最终磁控管超高频振荡输出信号幅度下降,发射机发射功率下降,计算机终端界面电流指示值偏小。检查方法参考 8.2.2.1 节。

第二步,若发射机人工线 8 个电容正常,可能磁控管老化,工作性能下降,导致发射机输出功率下降。直接测量发射机磁控管电压。测试点参考第 5.2.5 节图 5.22,在半高压时测得 2 V,全高压测得 3 V。也可以使用功率计直接测量发射机输出功率。全高压功率约≥15 kW,半高压功率≥4 kW。经过测量判断磁控管的老化程度。

(2)故障处理

① 经过以上检查,如果电容存在问题,则更换电容。

② 如果磁控管阳极采集端子电流电压小或发射机输出功率小,表明磁控管工作性能下降,需要更换磁控管。

8.3 天控系统故障分析

(1)故障现象

① 示波器角度显示 4 根线方位(左、右)与俯仰(上、下)两两不等高。

② 雷达不能跟踪探空气球。

(2)故障分析

第一步,检查和差箱内开关管套开关 VK105,检查方法参考第 5.1.3 节和差箱 PIN 开关检查。一是检查 4 个开关阻值,如果阻值在数百欧姆之内,表明 VK105 开关正常。二是检查 4 个开关电压,正常值在 3.5 V 左右。如果不正常,表明加载到 4 个开关上的程序方波不正常,需要进一步检查程序方波。

第二步,检查和差箱 WT9 线头插座及和差箱内短线接头。该插座是 19 芯插座,有可能线头插座有虚焊。卸下和差箱 WT9 线头,使用万用表测量。如果 WT9 插座正常,检查连接开关管套黑色短线接头是否存在虚焊或断开现象。如果正常,则进行下一步。

第三步,卸下和差箱 WT9 线头,使用示波器探头测量 XS3 端口的 10、11、12、13 脚,正常情况下 4 个脚的波形与第 5.4.6 节中的图 5.56 相同。如果 4 路程序方波不正常,需要打开天线底座,使用示波器检查汇流环 10、11、12、13 环上程序方波。如果汇流环上 4 路程序方波不正常,则需要在主机箱 11-6 板检查程序方波,检查方法参考第 5.4.6 节。

(3)故障处理

① 如果开关 VK105 不正常,则更换 VK105。

② 如果和差箱内连接 VK105 开关的黑色短线接头有虚焊和断开现象,则更换短线及接头。

③ 如果和差箱 WT9 头插座有虚焊现象,须使用电烙铁焊好插座线头。

④ 如果汇流环 9~13 环的 4 路程序方波不正常,则需要清理汇流环上的炭粉。

⑤ 如果 11-6 板的 4 路程序方波不正常,则需要更换 11-6 板。

8.4 伺服系统故障分析

8.4.1 驱动箱指示方位正常,俯仰"E 告警"

(1)故障现象

① 驱动器俯仰故障报警。

② 方位可以转动,但俯仰不能转动。

(2)故障分析

第一步,打开驱动器盖子,检查俯仰驱动器上端数码管显示代码,显示代码 22♯,表明俯仰电机与俯仰驱动器通信中断。俯仰电机码盘信号机电压通过汇流环 14~24 环连接。

第二步,检查汇流环 14~24 环,需要清理环上的炭粉。

(3)故障处理

清理汇流环 14~24 环上堆积的炭粉,故障解除。

8.4.2 驱动箱指示俯仰正常,方位"A 告警"

(1)故障现象

① 驱动器方位故障报警。

② 仰角可以转动,但方位不能转动。

(2)故障分析

第一步,打开驱动器盖子,检查方位驱动器上端数码管显示代码,显示代码 26♯。26♯代码表明方位电机故障,有可能大发射机的发射信号干扰方位电机。

第二步,关闭大发射机,重新启动伺服驱动,若方位驱动正常,需要用一个金属盒子屏蔽方位电机。如果关闭大发射机,重新启动伺服驱动,若方位驱动仍报"A 告警"故障,表明方位电机损坏,需要更换方位电机。

(3)故障处理

① 关闭大发射机,重新启动伺服驱动,若方位驱动正常,须用一个金属盒子屏蔽方位电机。

② 关闭大发射机,重新启动伺服驱动,若方位驱动仍报"A告警"故障,则更换方位电机。

8.4.3　俯仰卡死,方位可以转动

(1)故障分析

第一步,关闭雷达主机电源,卸下天线底座 WT6 线头。

第二步,用手上下转动,发现仰角不能转动,则判断仰角谐波齿轮损坏。

(2)故障处理

仰角电机谐波齿轮在电机上部位置,需要更换仰角谐波齿轮。

8.4.4　方位卡死,俯仰可以转动

(1)故障分析

第一步,关闭雷达主机电源,卸下天线底座 WT6 线头。

第二步,用手左右转动天线,发现方位不能转动,则判断方位谐波齿轮损坏。

(2)故障处理

方位电机谐波齿轮在电机上部位置,需要更换方位谐波齿轮。

8.4.5　天线仰角小于$-6°$且抛物面与天线底座面相擦

(1)故障分析

第一步,仰角在下限$-6°$没有限位,将天线仰角转动到仰角 0°,使用万用表测量 11-5 板 XS1 端口的 11 脚,测量电压为 0 V。

第二步,将天线仰角转动到仰角小于$-6°$,如$-7°$,使用万用表测量 11-5 板 XS1 端口的 11 脚,测量电压为 0 V,表明下限位器没有起作用。下限位器正常情况下测得电压为$+24$ V。

(2)故障处理

打开天线头顶盖,重新调整下限位间距,若限位开关损坏,则更换限位开关。

8.4.6　手动快速操作盒方位,终端显示方位变化滞后明显

(1)故障分析

快速转动操作盒方位,终端显示方位变化明显滞后,突然停止转动方位,终端显示方位还在变化。表明方位电机轴与方位谐波齿轮之间的联轴器螺丝有松动。

(2)故障处理

打开天线座驱动舱盖,取下方位驱动电机屏蔽罩,发现装在驱动电机轴和方位谐波轴上的联轴器有松动现象,使得电机在转动时联轴器打滑。用六角扳手把联轴器上的两只内六角螺钉重新紧固就可以。

8.4.7　转动俯仰,天线不转

(1)故障分析

手动操作盒俯仰,终端显示界面仰角没有变化,驱动器没有报警信息,可能俯仰电机传动皮带断裂。

(2) 故障处理

打开俯仰驱动箱盖,发现传动皮带断裂,则更换皮带。

8.4.8 转动俯仰或方位,终端方位或仰角有时变化,有时不变化

(1) 故障分析

俯仰或方位同步机的粗、精搭配存在问题。

(2) 故障处理

对 11-7 板(俯仰)、11-8 板(方位)进行粗、精搭配,将 S1 拨码开关第一位拨至 ON 状态,检查方位粗读数减精读数是否在 10～20,不在该范围内,则须将 S2 拨码开关的前 4 位重新搭配。

8.4.9 转动俯仰或方位,示波器角度跟踪 4 根线随着变化

(1) 故障分析

上、下或左、右转动天线时,影响示波器角度跟踪 4 条亮线。主要原因是同步机激磁绕组打火造成。同步机打火是由于激磁绕组接触不良所致,打火产生丰富的高频成分被雷达接收机接收,从而干扰正常信号,即影响示波器角度跟踪 4 条亮线。用示波器探头分别检查 11-7 板精、粗模块 S1,S2,S3 的波形,示波器上的正弦波形的幅度应随着天线的转动而变化,如果发现精模块上的波形或者粗模块的波形有毛刺,即可断定同步机打火。

(2) 故障处理

更换俯仰或方位同步机

8.4.10 转动俯仰或方位,终端方位或仰角不能在 0～90°变化

(1) 故障分析

第一步,检查同步机粗、精搭配,检查方法按照 8.4.8 节进行。

第二步,如果故障仍然存在,检查 11-7 板或 11-8 板,检查方法参考第 5.4.7 节。

第三步,如果故障仍然存在,检查同步机。

(2) 故障处理

① 拆开同步机有机玻璃盖板,用镊子对激磁绕组簧片进行整形,使其充分接触激磁绕组轴(注:面对同步轮系舱,左边的是粗同步机,右边的是精同步机)。

② 如果故障仍然存在,则须更换同步机。

8.4.11 转动方位,终端显示方位偏差较大,且跳动幅度较大

本案例结合 2014 年 4 月 29 日喀什 L 波段探空雷达故障进行分析。

(1) 故障现象

① 转动方位,终端显示方位偏差较大,且跳动幅度较大。

② 方位转动时,方位同步机谐波齿轮声音异常。

(2) 故障分析

第一步,检查 11-8 板,检查方法参考第 5.4.7 节。

第二步,更换 11-8 板后,若故障仍然存在,则检查方位同步机,检查方法参考 8.4.10 节。

第三步,更换同步机后,若故障仍然存在,则可判定方位谐波齿轮损坏。

（3）故障处理

① 拆卸步骤

a）方位同步机系在天线座内的安装位置如图 8.10 所示。

b）将固定同步轮系的四个内六角螺丝松开取下，用一字螺丝刀轻轻将同步轮系撬下，因有定位销在上面，注意两边要同时撬，同时用手托住同步轮系，避免损坏齿轮箱，内六角螺丝和定位销位置如图 8.11 所示。

c）将精同步机（右侧）轴的夹板和固定粗同步机（左侧）轴的夹板各两个螺丝分别拧紧，夹板位置如图 8.12 所示，同步机谐波齿轮箱如图 8.13 所示。

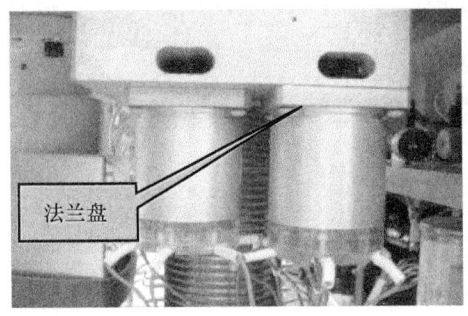

图 8.10　方位同步轮系在天线座内位置

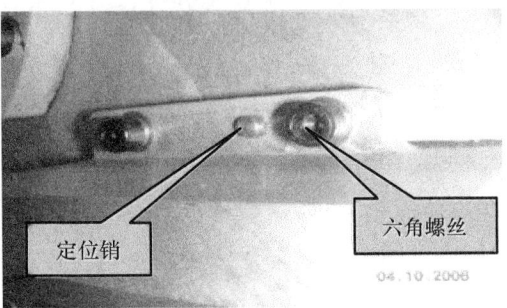

图 8.11　同步轮系固定螺丝及定位销

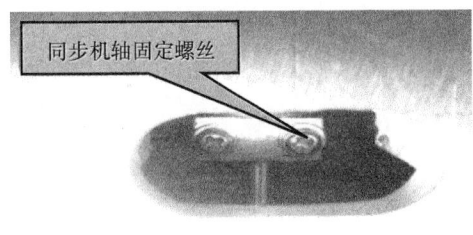

图 8.12　同步机轴固定夹板

图 8.13　拆卸同步机谐波齿轮箱

② 安装步骤

a）先将同步轮系上双片齿轮下齿用手指抵住，上齿顺时针旋转 2～3 齿，如图 8.14 所示。

b）用一字螺丝刀顶住旋到位的双片齿轮齿口，如图 8.15 所示。

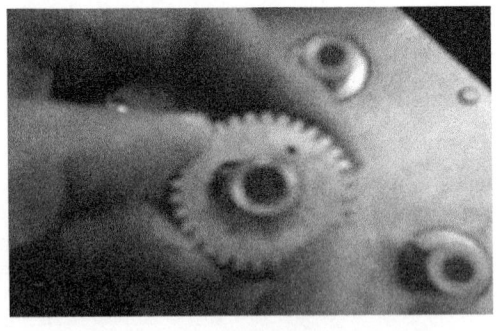

图 8.14　手指抵住齿轮图示

图 8.15　一字螺丝刀顶住齿轮图示

c)用细铜线或细铁丝将双片齿轮固定,如图8.16所示。

d)双片齿轮固定是为了避免齿轮之间的回差造成角度指示不准确。安装时先不要拆下光铜线,安装好的双片齿轮位置如图8.17所示。

e)将拆下的同步机装到同步轮系上(注意粗、精同步机位置不能装反),固定粗、精同步机,并拧紧四个螺丝。夹板螺丝可先不拧紧。

f)将同步轮系按拆下前的位置装上,拧上四个内六角螺丝,先不要拧得太紧。将双片齿轮与同步齿轮靠紧,使两齿轮间不要有间隙。可两人配合,一人顶紧同步轮系,一人将内六角螺丝拧紧,注意上螺丝时应对角拧紧。

g)将同步机轴夹板上的两个螺丝拧紧,这时同步机轴应没有大的窜动。此时,可以用尖嘴钳将双片齿轮上的光铜线拆掉。注意拆卸时不要损伤齿轮(注意:在光铜线拆除之前,严禁转动天线!)

h)同步轮系安装完毕后,须对方位角度指示做粗精搭配检查,方法见说明书。最后再对方位重新进行标定,同步轮系即更换完毕。

图8.16 铜线或细铁丝固定双片齿轮

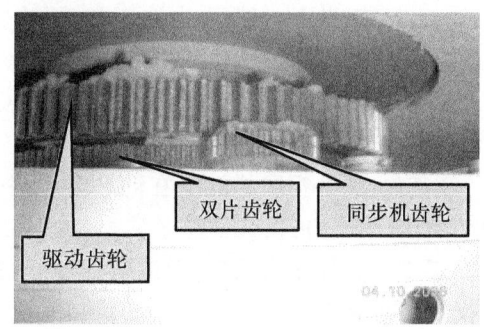

图8.17 双片齿轮位置

8.5 整机系统故障分析

8.5.1 整机电源故障分析

(1)故障现象

① 主机开机后,计算机终端无法控制雷达,也不能操作终端软件,方位、仰角乱转,而终端显示方位、仰角不变化。

② 高压电流指示和频率指示不断变化。

③ 示波器角度跟踪和距离跟踪显示来回自动切换。

(2)故障分析

第一步,打开主机箱,主机加载电后,使用万用表测量11-4板XS1端口的24、25脚工作电源,如果测量电压小于+5 V,则进行第二步,如果测量电压大于+5 V,则进行第四步。

第二步,打开主机箱,检查主机箱大板底部右侧电源插座插头是否存在接触不良。

第三步,打开主机箱整机电源,使用万用表测量+5 V电源模块输出的电压,若测量结果小于+5 V,使用一字螺丝刀调整输出电压,如果不能稳定输出+5 V电源,可以直接更换+5 V电源模块。

第四步,打开主机箱整机电源,使用示波器测量11-4板XS1端口的24、25脚工作电源,若直流电压值正常,但存在杂乱波纹,可检查主机箱电源开关。

(3)故障处理

① 调整主机箱+5 V电源输出或直接更换模块。

② 固定主机箱大板底部电源插座。

③ 更换主机箱电源开关。

8.5.2 示波器显示故障分析

8.5.2.1 打开主机后,示波器显示一个亮点

(1)故障分析

第一步,将示波器设置到角度跟踪状态,示波器显示一个亮点,表明11-2板送来的阶梯波存在问题,而11-2板的阶梯波是由11-6板送来的程序方波经过处理后再送来的,所以首先检查11-6板输出程序方波,检查办法参考第5.4.6节。

第二步,如果11-6板程序波正常,再检查11-2板的阶梯方波,检查办法参考第5.4.2节。

(2)故障处理

① 如果11-6板程序方波存在问题,则更换11-6板,或检查11-6板电路D4芯片输出的4路程序方波。

② 如果11-2板阶梯波存在问题,则直接更换11-2板,或检查11-2板电路1D1:74LS08模块输出的阶梯波,更换此模块。

8.5.2.2 打开主机后,示波器无测距扫描基线

(1)故障分析

第一步,将示波器设置到距离跟踪状态,无精扫和粗扫基线,表明11-2板送来精触发方波和粗触发方波存在问题,而11-2板送来精触发方波和粗触发方是由11-3板送来的,首先检查11-3板,检查办法参考第5.4.3节。

第二步,如果11-3板输出的精触发和粗触发方波正常,则检查11-2板,检查办法参考第5.4.2节。

(2)故障处理

① 如果11-3板存在问题,则更换11-3板。

② 如果11-2板存在问题,则更换11-2板。

8.5.3 摄像机故障分析

8.5.3.1 摄像机视频输出无画面

(1)故障分析

第一步,首先检查计算机视频卡驱动程序。

第二步,使用示波器,检查计算机视频卡输出,正常情况下输出视频信号波形。

第三步,可能摄像机没有工作,所以首先检查摄像机+12 V工作电源。卸下和差箱上WT9线,使用万用表测量XS2端口的7脚,正常为+12 V。

第四步,使用万用表测量汇流环的7环,正常为+12 V。

第五步,使用示波器探头测量XS2端口的2脚,正常情况下输出视频信号波形。

第六步,使用示波器测量汇流环的2环,正常情况下输出视频信号波形。

第七步,检查50 m电缆(一般不会出现问题)。

(2)故障处理

① 重新加载视频驱动程序。

② 更换视频卡。

③ 清理汇流环。

④ 加固线缆。

8.5.3.2 摄像机视频输出画面不清楚

(1)故障分析

画面不清楚的故障现象是由于摄像头调整不当所致,或摄像头镜头与CCD连接紧固螺钉松动造成镜头和CCD之间位置变动。

(2)故障处理

① 卸下摄像装置,拧下紧固螺钉,刮开703胶,从尾部拔出摄像头,松开内部紧固螺钉,将摄像头对准某一景物。

② 调节亮度,亮度调节至最亮。

③ 调节镜头和CCD之间的距离,一边调节距离,一边观察摄像机画面,直至画面清晰。

④ 调节聚焦,使其两端模糊程度一致,也就是说,最清晰时在聚焦调节的中间位置。

⑤ 将摄像头镜头和CCD连接螺钉紧固,再紧固其余螺钉,用胶带裹紧,插入镜筒中,拧紧螺钉,并将缝隙用703胶封住即可。

8.5.4 开机3～5 min后角度跟踪丢球

(1)故障分析

第一步,开机放球3～5 min,此时仰角角度较小。首先确定雷达架设高度(相对放球点)不能超过8～10 m(两层楼高度),如果雷达架设高度太高,雷达收到很强的地面反射波,淹没探空仪信号,自动增益和频率控制均受到影响,角度跟踪和距离跟踪也均受到影响,导致跟踪丢球。

第二步,雷达架设高度在合理范围之内,但在放球期间时有低仰角丢球现象,可能周围存在与L波段探空雷达工作频率1675 MHz相近频率的信号源或干扰源。使用频谱仪进行观察,将雷达主机电源关闭,卸下和差箱前置高放的输入端线头,将频谱仪的射频输入端与前置高放的输入端相接,将频谱仪中心频率设置为1675 MHz,慢慢转动天线,观察频谱仪屏幕。如果存在1675 MHz左右的信号源,应该可以捕捉到干扰信号的频谱。

(2)故障处理

① 如果雷达架设高度太高,调整雷达放球点高度。

② 打开中频通道盒,用示波器测量D1:74LS221模块第12脚,雷达出厂时,其主抑波门宽度设置在200 μs,可调节RP3电位器,将主抑波门适当加宽至300 μs或400 μs,抑制强地物反射波。

③ 在和差箱前置高放前端加装窄带无源滤波器(带宽5 MHz),可以滤除周围干扰信号源。

附录:主要仪器仪表

1. 示波器

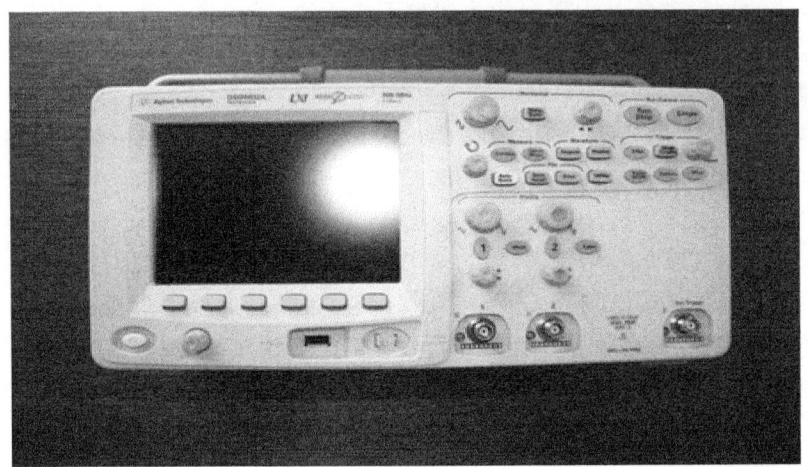

2. 手持频谱仪

3. 信号源

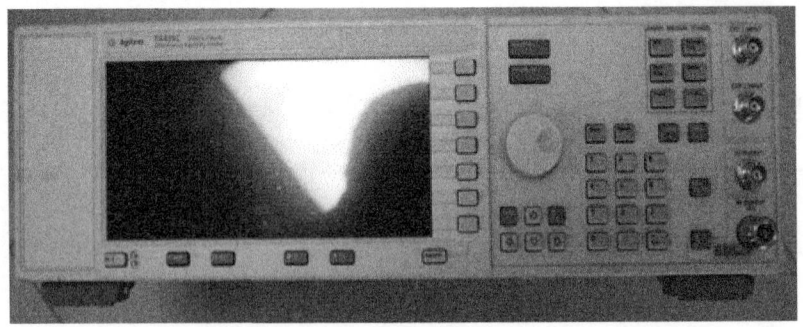

4. 射频分析仪

5. 附件及线缆

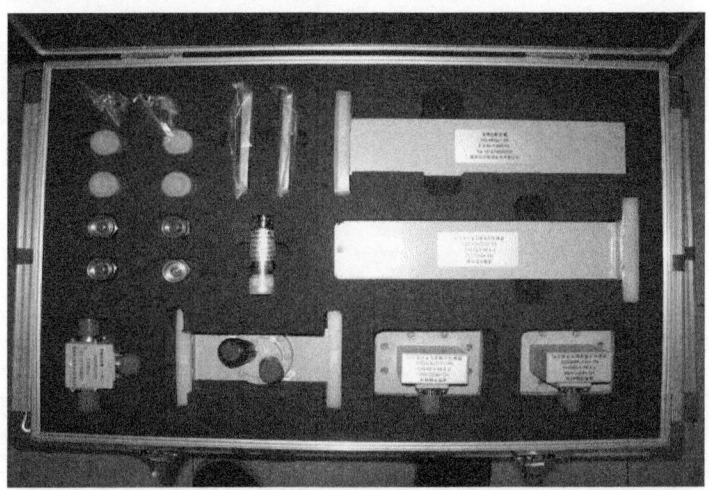

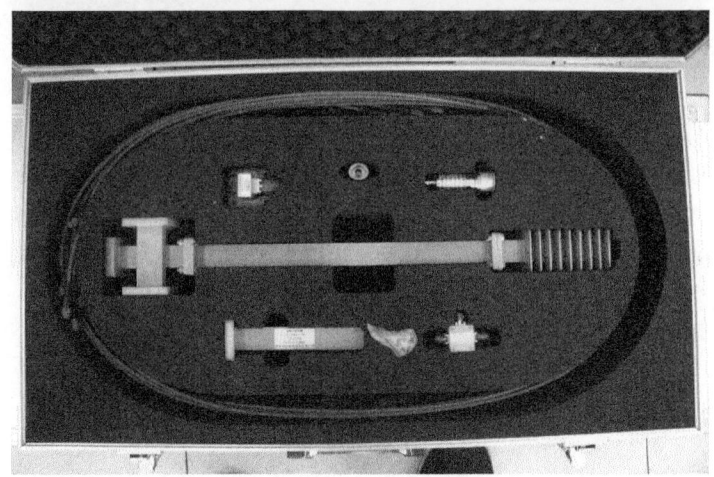